BEI GRIN MACHT SICH IHR WISSEN BEZAHLT

- Wir veröffentlichen Ihre Hausarbeit,
  Bachelor- und Masterarbeit

- Ihr eigenes eBook und Buch -
  weltweit in allen wichtigen Shops

- Verdienen Sie an jedem Verkauf

Jetzt bei www.GRIN.com hochladen
und kostenlos publizieren

Siegfried Hotter, Michael Clauß, Lukas Grohmann, Florian Weitl

Ermittlung der Schadensursache an einem Stirlingmotor

GRIN Verlag

Bibliografische Information der Deutschen Nationalbibliothek:

Die Deutsche Bibliothek verzeichnet diese Publikation in der Deutschen National-
bibliografie; detaillierte bibliografische Daten sind im Internet über http://dnb.d-
nb.de/ abrufbar.

Impressum:

Copyright © 2008 GRIN Verlag GmbH
Druck und Bindung: Books on Demand GmbH, Norderstedt Germany
ISBN: 978-3-656-24420-2

Dieses Buch bei GRIN:

http://www.grin.com/de/e-book/193004/ermittlung-der-schadensursache-an-einem-
stirlingmotor

Hochschule München
Fakultät 03 - Maschinenbau
Projekt Stirling
Clauß, Grohmann, Hotter, Weitl

Schwerpunktbezogene Projektarbeit

„Ermittlung der Schadensursache
an einem Stirlingmotor"

im Sommersemester 2008

im

Schwerpunkt Energietechnik

Hochschule München
Fakultät 03 - Maschinenbau
Projekt Stirling
Clauß, Grohmann, Hotter, Weitl

Das Team

____

Michael Clauß

____

Lukas Grohmann

____

Siegfried Hotter

____

Florian Weitl

Inhaltsverzeichnis:

Einleitung — Seite 4

Beschreibung Demontage und Montage

    Demontage — Seite 6

    Montage — Seite 12

Konstruktion des Gerätes — Seite 14

    Brenner — Seite 15

    Erhitzer mit Regenerator — Seite 17

    Überströmkanäle und Kühler — Seite 18

    Taumelscheibe — Seite 20

    Generator — Seite 21

    Boden — Seite 22

    Abdichtungen — Seite 23

    Pleuel — Seite 23

    Kolben — Seite 23

Schlusswort — Seite 24

Abbildungsverzeichnis — Seite 26

Anhang — Seite 27

<u>Schwerpunktbezogene Projektarbeit</u>

Thema: **Ermittlung der Schadensursache an einem Stirling-Motor**

Zeitraum: Sommersemester 2008

Ort: Hochschule für angewandte Wissenschaften -FH- München

Fachbereich: 03 Maschinenbau

Schwerpunkt: Energietechnik

Teilnehmer: Florian Weitl, Michael Clauß, Siegfried Hotter, Lukas Grohmann

Im Rahmen des Maschinenbaustudiums an der Hochschule für angewandte Wissenschaften -FH- München wurde im Sommersemester 2008 folgende schwerpunktbezogene Projektarbeit durchgeführt:

Ermittlung der Schadensursache an einem Stirling-Motor

Im Labor für Turbomaschinen unter Prof. Dr. Erwin Zauner und mit Betreuung durch Dipl. Ing. Kuno Kübler wurde ein fehlerhafter Stirling-Motor der Firma WhisperGen zur Untersuchung der Schadensursache demontiert und untersucht.

Der zu untersuchende Motor wurde durch Stirling Consulting vom Vorbesitzer BMW AG akquiriert und der Hochschule München für Untersuchungen im Rahmen des Arbeitskreis Stirling zur Verfügung gestellt. Wegen wiederholter Probleme im Startvorgang wurde der Wunsch nach einer Fehleranalyse laut. Diese erfolgte im Rahmen einer schwerpunktbezogenen Projektarbeit im Sommersemester 2008.
Ein baugleicher Motor wird unterdessen zu Untersuchungen zu unterschiedlichen Brennstoffen im Rahmen einer Diplomarbeit verwandt.

Zu Beginn des Projekts wurde der Motor in nicht laufbereitem Zustand vorgefunden. Es waren keine der zum Lauf notwendigen Anschlüsse vorhanden. Die Abdeckung der Elektronik und das Display fehlten und die Schutzhaube war demontiert. An dem Standplatz in Gebäude X waren keine oder wenige Werkzeuge und notwendiger Arbeitsraum vorhanden. Daher wurde das Gerät mit allen vorgefundenen Teilen in das Labor für Turbomaschinen überführt.

Es handelt sich um eine Wärmekraftmaschine nach dem Heißluftprinzip (Stirling-Motor) des Herstellers WhisperGen aus Neuseeland. Das vorgefundene Modell ist die Gleichstromversion zur Verwendung in mobilen Einrichtungen, wie Hausbooten oder Schiffen. Die Typbezeichnung ist: "Personal Power Station 16". Sie hat eine

Nennleistung von 750W an 12V DC elektrisch und 5kW thermisch über das Kühlmedium. Es wird mit handelsüblichem Dieselkraftstoff betrieben.

Bei der Übernahme des Geräts war als Hauptinformation das Nicht-Funktionieren gegeben. Als Ursache wurde mit hoher Wahrscheinlichkeit ein Lagerschaden zu Grunde gelegt. Wegen des Fehlens der notwendigen Anschlüsse zur Durchführung eines Testlaufs konnte nur die Richtigkeit dieser Behauptungen angenommen werden.
Bereits zu Anfang der Arbeiten wurde als Primärziel ein erfolgreicher Lauf des Motors am Ende der Arbeit gesteckt.

Die Arbeiten wurden im Labor für Turbomaschinen mit tatkräftiger Unterstützung durch den Labormeister Herrn Georg Lössl durchgeführt. Dieser ermöglichte uns uneingeschränkten Zugang zum Labor und allen Werkzeugen. Bei der Demontage und Fehlersuche stand er dem Projektteam mit Rat und Tat zur Seite.

Beschreibung der Demontage und der nachfolgenden Montage des Stirlingmotors

Der Stirlingmotor der Firma WhisperGen wurde zunächst rein äußerlich auf defekte oder fehlende Anschlüsse hin überprüft. Besonderes Augenmerk lag dabei auf den Schlauchverbindungen für Kühlwasser, der gesamten Brennstoffleitung, dem Lüfter, dem Flammenionisationswächter, den verschiedenen Sensoren und dem Abgaswärmetauscher. Auch wurde die Elektronik einer intensiven Sicht- und Geruchsprüfung unterzogen, um eventuell durchgebrannte oder verschmorte elektrische Bauelemente zu finden. Fehler oder mögliche Fehlerursachen konnten dabei nicht festgestellt werden.

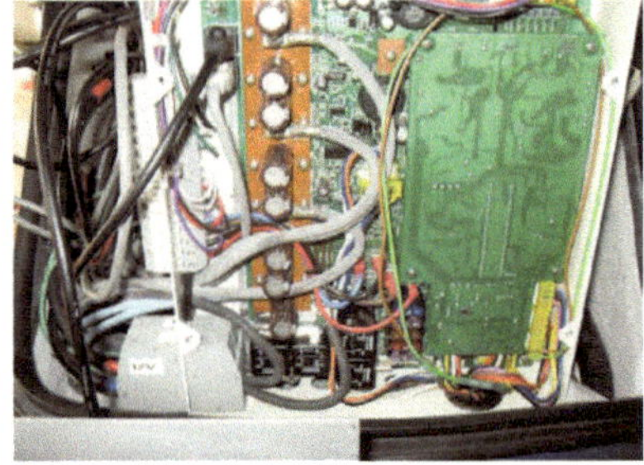

Bild 1: Gesamtansicht bei Übergabe und Elektronikplatine

Für eine sichere Demontage des Motors wurde eine CT angefertigt, um mögliche vorgespannte Federn und dergleichen schon im Vorfeld zu erkennen. Eine offensichtliche Schadensursache war auf der CT nicht zu erkennen. Lediglich im unteren Generatorteil fielen drei asymmetrische Flecken auf, die zunächst als ein zerstörtes Lager interpretiert wurden. Nach der Demontage zeigte sich aber, dass diese drei Flecken lediglich die Anschlüsse der Generatorwicklungen waren.

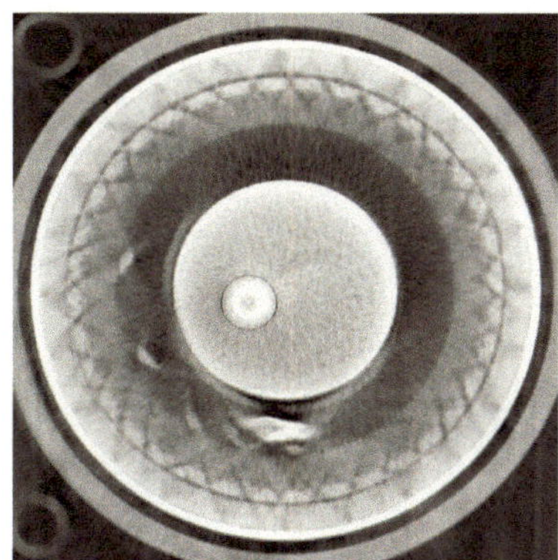

Bild 2: CT-Schnitt mit vermeintlicher Schadensursache

Als nächster Schritt wurde der Druck, der 25 bar betrug, aus dem Arbeitsraum des Stirlingmotors abgelassen. Hierauf wurden alle Kabelanschlüsse und Steckverbindungen eindeutig gekennzeichnet, um ein späteres Vertauschen zu vermeiden. Danach wurden die Steckverbindungen und die Sensorenanschlüsse getrennt und alle weiteren Kabel vom Motorengehäuse abgeklemmt. Des Weiteren wurde zum einen die Treibstoffleitung vor ihrem Eintritt in den Brennraum abgeschraubt, als auch der Flansch des Abgasstutzens zum Abgaswärmetauscher gelöst. Hierauf wurden noch die vier Plastikfüße von unten abgeschraubt, die den Motor mit dem Kunststoffgehäuse verbinden. Nun konnte der Motor problemlos herausgehoben werden.

Bild 3: Motor aus dem Gehäuse ausgebaut

Danach wurde zunächst der Deckel unterhalb des Generators geöffnet und auf mögliche Schadstellen untersucht. Dabei stellte sich heraus, dass es im Bereich des Dichtringes am Deckel bereits zu ersten Korrosionserscheinungen und Lochfraß gekommen ist. Dies lässt allerdings nur die Aussage zu, dass es zu Undichtigkeiten im unteren Kühlkreislauf mit Kühlwasseraustritt nach außen kommen kann. Eine Ursache für die Startprobleme des Motors ist dies allerdings nicht.

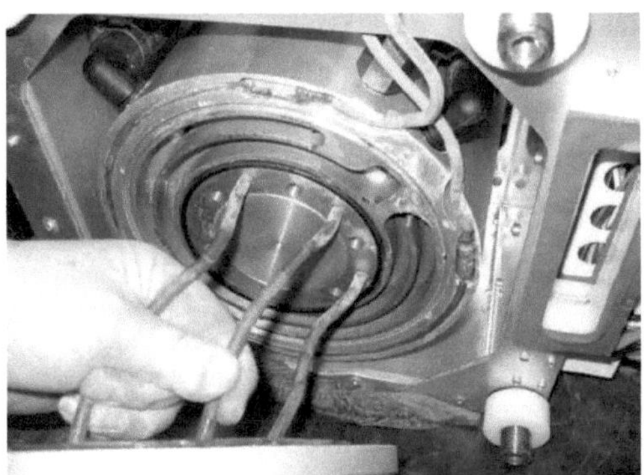

Bild 4: WhisperGen Unterseite ohne Deckel

Bild 5: Boden des WhisperGen

Als nächstes wurden die Haltefedern des Brennerdeckels entfernt und dieser komplett abgenommen. Zum Vorschein kommen die vier Wärmetauscher der Kolben und die Verteilermulde der Flamme auf einem Keramikaufsatz.

Bild 6: Sicht auf die Erhitzerköpfe

Der Keramikeinsatz wurde vorsichtig herausgehoben. Die darunter liegende Dichtwolle wird von den Auflageringen der Abstandshalter ebenso wie die vier eingesteckten Luftumlenkdrähte entfernt. Die Auflageringe für die Keramikplatte wurden abgezogen und die geschlitzten Ringe darunter aufgespreizt und entfernt.

Bild 7: Keramikplatte abgenommen

Aus dem Spalt zwischen darunter liegender Wärmeschutzplatte und den Erhitzerköpfen wurde die Dichtwolle mit einer kleinen Häkelnadel vorsichtig entfernt. Dabei war eine leichte Beschädigung der Platte nicht zu vermeiden, da diese Platte extrem brüchig ist. Die gestopfte Dichtwolle musste entfernt werden, da sonst die Platte nicht schadlos herausgenommen werden konnte und die darunter liegenden Schraubenköpfe nicht zu erreichen gewesen wären. Daraufhin wurden die nun zugänglichen 16 Schrauben kreuzweise gelöst.

Bild 8: Verschraubung des Gehäuses

Um beim späteren Zusammenbau ein Verdrehen der Teile zu verhindern wurde die exakte Position der Teile zueinander mittels zwei schwarzer Striche gekennzeichnet. Jetzt wurde der obere Motorteil vom unteren Generatorteil abgehoben. Es zeigte sich, dass die Kipphebel und das untere Lager sehr stark gefettet waren.

Bild 9: Stark gefettetes Taumelwerk

Daraufhin wurde der Generator mit Hilfe von Messgeräten auf seine Funktion hin geprüft. Aus den Messungen ließ sich schließen, dass der Generator keinen Defekt hat. Das Exzenterlager und die Taumelscheibe wurden grob gereinigt. Zur Sicherheit wurde der Generator in seine Einzelteile zerlegt, wobei die Messungen durch eine Sichtkontrolle nochmals bestätigt wurden. Sowohl die Permanentmagnete, als auch die Generatorwicklungen waren in einwandfreiem Zustand.

Als weiterer Schritt wurden die Wärmetauscher der Kolben noch abgenommen. Deutlich zu sehen waren dabei die verschiedenen Anlassfarben zwischen dem heißen und dem kalten Bereich am Kolben. Auch hier wurden bei den Kolben keine sichtbaren Schäden festgestellt. Es entstand lediglich der Eindruck, dass sich die Kolben etwas schwer bewegen ließen, was aber eventuell auf die Reste des alten Fettes an der Taumelscheibe zurückzuführen war. Diese wurden später noch gründlich entfernt.

Bild 10: Erster Erhitzerkopf abgenommen

Auf ein weiteres Zerlegen des Kolbenbereichs wurde verzichtet, da es in diesem Bereich auf höchste Präzision ankommt und teilweise Spezialwerkzeuge nötig geworden wären.

<u>Zusammenbau</u>

Bevor die einzelnen Teile wieder zusammengebaut wurden, wurden alle Teile gründlich gereinigt, alle Lagerstellen von altem Fett befreit und wieder mit neuem Fett (Molycote) abgeschmiert. Besondere Beachtung fand dabei das Lager, das die Verbindung zum Generator darstellt, die verschiedenen Wippen der Taumelscheibe und die bewegten Gelenke zwischen den Kolbenstangen und Wippen.

Bild 11: Fetten der Lagerstellen

Daraufhin wurde zunächst der Generator wieder zusammengebaut und dann in umgekehrter Reihenfolge wie beim Zerlegen sorgfältig die weiteren Teile wieder zusammengefügt. Nach dem kompletten Zusammenbau wurde der Arbeitsraum vorsichtig wieder mit 25 bar Stickstoff befüllt und eine Woche lang stehengelassen, um die Dichtheit zu überprüfen. Innerhalb dieses Zeitraumes verlor der Motor circa 5 bar an Druck, was aber auf ein eventuelles Setzen der Dichtungen und Verschraubungen und Temperaturunterschiede zurückgeführt werden kann.
Nach erneutem Auffüllen des Stickstoffdruckes auf 25 bar wurde der Stirlingmotor wieder an alle notwendigen Leitungen, Kühlmittel Zu- und Ablauf, Kraftstoffleitung und alle elektrischen Verkabelungen angeschlossen.

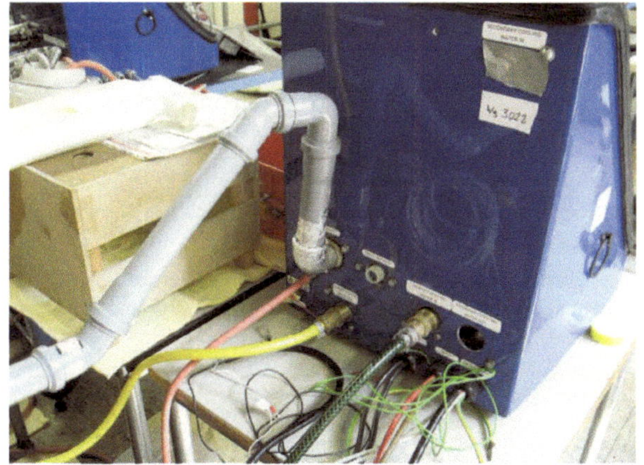

Bild 12: provisorischer Testanschluß

Nachdem das Steuerpanel angeschlossen war wurde der Stirling hochgefahren. Dieser arbeitete alle Arbeitsschritte problemlos ab und lief dann ohne Probleme an. Nach einer Laufzeit von etwa 20 Minuten, damit die Energie, die zuvor für das Aufheizen aus der Batterie entnommen wurde wieder zurückgespeist wird, fuhren wir den Motor wieder runter. Der Stirlingmotor erreichte während der Laufphase eine Spitzenleistung von etwa 840 W, was deutlich über der erwarteten elektrischen Leistung lag.

Beschreibung der Konstruktion des WhisperGen

Zusammenfassung der Konstruktionsmerkmale
die sich während der Demontage aufzeigten

Der WhisperGen arbeitet nach dem Prinzip eines 4-Zylinder Siemens-Stirlings, wie auf Bild 13 gezeigt. Für weitere Details hierzu sei auf das Buch „Stirling-Maschinen" von Kübler und Werdich, Seite 42 f. verwiesen.

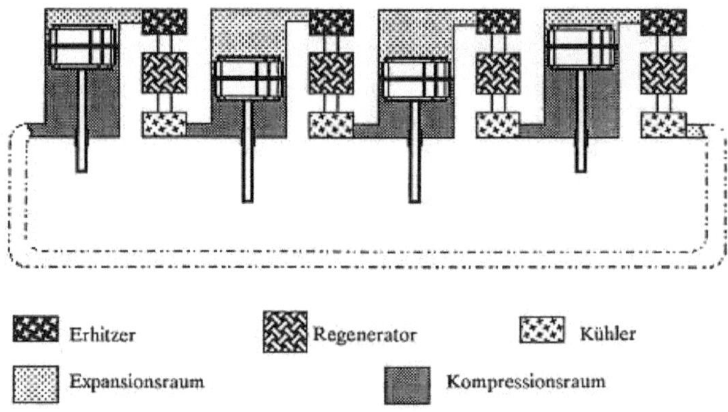

Bild 13: Funktionsprinzip des 90° Siemensstirling

Die 4 Kolben sind beim vorliegenden Motor gleichmäßig um eine gemeinsame Mittelachse angeordnet. Auf dieser Mittelachse liegt auch die Lagerung für den Wobble-Joke, eine Taumelscheibenkonstruktion, die die alternierenden linearen Bewegungen der Kolben in eine rotatorische Bewegung umsetzt. Der Winkel zwischen den Kolben beträgt somit bauartbedingt 90°. Die Taumelscheibenbauweise ermöglicht eine sehr kompakte Konstruktion.

Im Folgenden ist ein Schnittbild (Computertomographie, Bild 14) des Gerätes zu sehen, anhand dessen die einzelnen Komponenten/Baugruppen erklärt werden sollen.

Der Motor wird entsprechend seiner Bauweise in logische Gruppen unterteilt.

Die einzelnen Hauptkomponenten der Maschine sind wie nachfolgend im Bild 14 gezeigt einteilbar und ausgeführt:

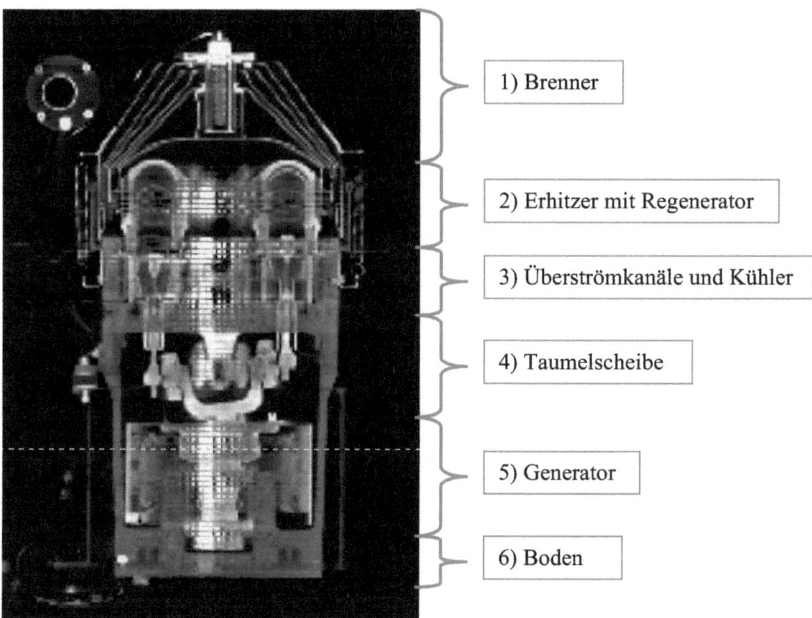

Bild 14: Computertomographie des WhisperGen

1) Brenner:

Links oben im Bild 14 ist der Flansch des Lüfters zu sehen. Der Brennstoff (Diesel/Heizöl) wird zentral eingespritzt und über eine Glühkerze gezündet. Die von oben kommende Flamme wird sehr schnell durch die Brennmulde der auf Bild 15 gezeigten Keramikplatte um 90° abgelenkt und in 4 Teile aufgesplittet.

Bild 15: Keramikplatte mit Brennmulde

Die 4 Flammen bzw. Rauchgasstrahlen werden an der innersten Wand des Brennraumes weiter nach oben abgelenkt, um letztendlich nach einem vollen 360° Wirbel durch die Erhitzerköpfe nach unten geleitet zu werden.

Dies ermöglicht erstens einen vollständigen Ausbrand des Brennstoffes und zweitens werden die Erhitzerköpfe nicht so stark einseitig (flammenseitig) erhitzt, was ungünstige thermodynamische und mechanische (Wärmespannungen) Folgen hätte.

Der Brennraum, der von der Keramikplatte, den Erhitzerköpfen und vom innersten Deckel begrenzt wird, ist jeweils an den Übergängen mit einer Keramikfaser Dichtschnur abgedichtet.

Im Bereich zwischen den Erhitzerköpfen stecken Drahtbügel in der Isolierplatte (siehe Bild 18). Es wird vermutet, dass diese ein zurückströmen von Rauchgas durch einen schlechter angeströmten Erhitzerkopf vermeiden sollen.

Folgende weitere Passage stützt sich auf CT Bilder und Vermutungen. Eine genauere Analyse der Brennerfunktionsweise ist aufgrund der Auflösung der Bilder nicht möglich.

Der Deckel des Brenners besteht aus 6 Schichten. Die Verbrennungsluft wird zwischen die 1. und 2. Haube eingeblasen. Das Rauchgas wird zwischen dem 3. und 4. Deckel nach außen abgeleitet. Durch das einleiten der Verbrennungsluft zwischen den ersten beiden Deckeln bleibt der Motor im Betrieb außen auf einem niedrigen Temperaturniveau.

Die Schichtung der Deckel übernimmt vermutlich die Funktion des Luftvorwärmers. Die Deckel 4,5 und 6 besitzen jeweils eine kleine Bohrung, durch die der Flammionisationsdetektor durchgeführt wird. Die Spitze des Detektors liegt somit im Brennraum (vgl. Bild 62 der Bildersammlung Stirling Bilder.doc).

Die Luft strömt vermutlich weiter in den Raum zwischen dem 5. und 6. Deckel, welcher gleichzeitig den Brennraum begrenzt. Aus diesem Raum strömt sie weiter durch die in Bild 17 sichtbaren Lamellen in das Brennrohr, wobei sie eine drallförmige Verwirbelung erfährt. Der Brennstoff wird in den Raum zwischen den in Bild 17 deutlich sichtbaren inneren zwei Röhren eingespritzt. Diese werden von der im inneren Rohr liegenden Glühkerze erhitzt. Im unteren Bereich ist das äußere der beiden Rohre geschlitzt oder gelocht (Bild 16). Hier tritt der verdampfte Kraftstoff aus und vermischt sich mit der Luft, wobei er sich entzündet.

Bild 16:Durchlass Kraftstoff

Bild 17: Luftturbulator

2) Erhitzer mit Regenerator:

Die Erhitzerköpfe sind wie umgedrehte Becher ausgeführt.

Bild 18: Blick auf die Erhitzerköpfe

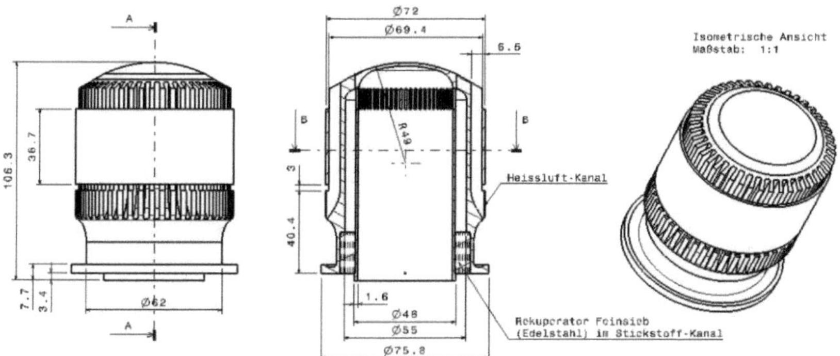

Bild 19: CAD-Modell der Erhitzerköpfe

Die Seitenwände sind 3-schichtig ausgeführt. Zwischen der äußersten und der mittleren Wand sind Kühlrippen angebracht, um einen guten Wärmeübergang vom Rauchgas zu den Erhitzern zu gewährleisten. Hierbei durchströmt das Rauchgas die Erhitzer von oben nach unten, um dann von unten durch einen Ringspalt außen nach oben in das Abgasrohr und von da aus in den Abgaswärmetauscher geleitet zu werden.

Im unteren Bereich der Erhitzerköpfe (40,4 mm von unten) ist außen eine Nut (3mm breit) angebracht, in der geschlitzte Ringe, ähnlich Kolbenringen angebracht sind. Auf diese Ringe wird von oben ein weiterer Ring mit einem L-förmigen Profil aufgesteckt. Auf diesen L-Ringen liegt die Keramikplatte mit der Brennmulde auf und ist gegen die Erhitzerköpfe mit Glaswolle/Mineralwolle abgedichtet, wie auf Bild 18 zu sehen ist.

Das Arbeitsgas strömt bei der Expansion von unten zwischen der mittleren und der inneren Wand nach oben hin ein. Zwischen der Mittelwand und der inneren Wand befindet sich im unteren Bereich der Regenerator. Im oberen Bereich sind ebenfalls Kühlrippen angebracht. Auf den letzten Millimetern im oberen Bereich fehlt die innere Wand und bildet somit einen Durchlass für das Arbeitsgas.

Mit dem auf Bild 19 zu sehenden Kragen (75,8 mm Durchmesser) am unteren Ende der Erhitzerköpfe werden diese durch eine (16+2 fach) verschraubte Platte gegen das

Gehäuse gepresst (innen 25 bar Arbeitsgasdruck, außen Umgebungsdruck). In Bild 19 deutlich zu erkennen ist die große Bauhöhe zwischen Rauchgassauslass (Pfeil Heißluft-Kanal) und dem Kragen. Diese rührt daher, dass auf der Platte, mit der die Erhitzerköpfe gegen das Gehäuse verschraubt sind, noch eine leichte Faserplatte zur Isolation liegt, die den ungewollten Wärmestrom von Erhitzerauslassseite zu den Kühlwasserkanälen verhindern soll. Dieser Wärmestrom hätte aufgrund der Erhöhung der Kühlwassertemperatur bei konstanter Erhitzertemperatur eine Wirkungsgrad-Verschlechterung zur Folge. Daher soll die Restenergie des Rauchgases im Abgaswärmetauscher übertragen werden und nicht über die Kaltseite des Stirlingmotors.

3) Überströmkanäle und Kühler

Unterhalb der Erhitzerköpfe, im oberen Teil des Gehäuses befindet sich die Kaltseite des Stirlingmotors. Dieser Teil des Motors wurde aufgrund seiner komplexen Bauweise nicht demontiert. Die nachfolgende Passage stützt sich daher auf die Auswertung der CT-Bilder.
Die Überströmkanäle dienen gleichzeitig als Kühler für das Arbeitsgas. Da dieser ganze Bereich aus Aluminium gefertigt ist, ist dies problemlos möglich. Wie auf Bild 13 dargestellt ist fungiert jeweils ein Kolben als Arbeits- und gleichzeitig als Verdrängerkolben für den Nachfolgenden. Erkennbar ist dies in Bild 20 daran, dass die Durchlassspalte an den Enden jedes Überströmkanales unterschiedliche Radien haben.
Der große Bogen (ca. 48 – 55 mm Durchmesser) entspricht dem des inneren Spaltes beim Erhitzerkopf (vgl. Bild 19). Folglich wird ein Kolben durch das durch den großen Schlitz aus dem einen Überströmkanal einströmende Gas von oben her mit Druck beaufschlagt (Arbeitsseite, heiß) und schiebt dabei als Verdrängerkolben bei der Abwärtsbewegung das Arbeitsgas durch den Spalt mit dem kleinen Radius in den anderen Überströmkanal. Dieser liegt im gekühlten Aluminiumgehäuse und ist somit gleichzeitig Kühler. Am anderen Ende des Kanals strömt das Arbeitsgas durch den Spalt mit dem großen Radius wiederum in den nächsten Erhitzerkopf, in dem im unteren Bereich der Regenerator sitzt und dann weiter nach oben durch die Verrippung in den Arbeitsraum, wo es dann aufgeheizt den nächsten Kolben nach unten drückt. Somit schließt sich der Kreis.
Die Überströmkanäle sind als untereinander nicht verbundene Sacklochbohrungen ausgeführt und von außen mittels jeweils eines Schraubstopfens verschlossen.

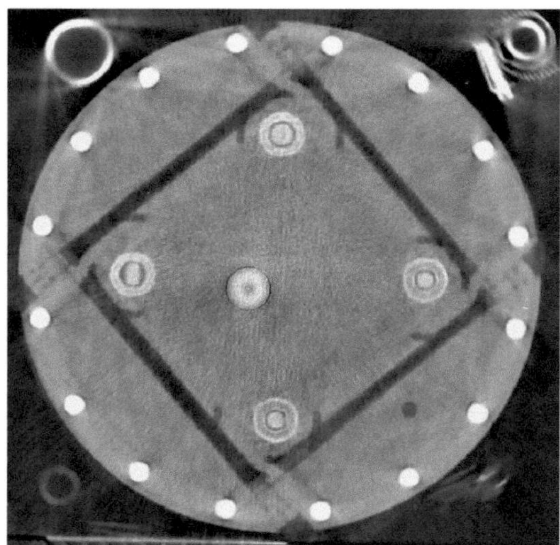
Bild 20: CT-Schnitt der Überströmkanäle

Oberhalb der Überströmkanäle liegt im Gehäuse eine Kühlwasserbohrung. Diese ist im Bild 21 zu erkennen (Dunklere Linien um die Kolben herum, Zulaufbohrung von links unten nach rechts oben).

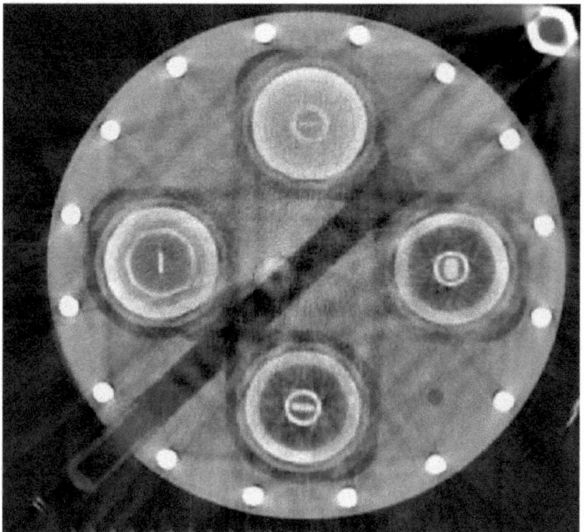
Bild 21: CT-Schnittbild der Kühlwasserkanäle Kaltseite Motor

4) Taumelscheibe / Wobble Joke

Das Taumelwerk (oder Wobble Joke) ist ähnlich einem Kardangelenk aufgebaut. 2 um 90° zueinander verdrehte Hebel, die beide in der Mitte gegen das Gehäuse gelagert sind, werden an ihren beiden Enden jeweils von einem Kolben nach oben und unten bewegt. Somit beträgt der Phasenwinkel zweier gegenüberliegender Kolben 180°, beziehungsweise benachbarter Kolben 90°. Die Aufwändige Konstruktion mittels mehrerer Hebel anstatt einer echten Scheibe wurde vermutlich gewählt, um an den Pleuelstangen nur eine einachsige (kleine) Neigung, anstatt einer zweiachsigen zu bekommen. Anderen Falls wäre die Abdichtung an den Pleuel deutlich schwieriger zu realisieren.

Der Exzenter der Taumelscheibe überträgt seine Kraft mittels eines Pendelrollenlagers vom Typ 22205H auf die Exzenterscheibe des Generators. Ein Pendelrollenlager wurde vermutlich gewählt, um fertigungs- und Montagebedingte Winkelabweichungen ausgleichen zu können und um die Montierbarkeit zu gewährleisten. Das Lager wird im eingebauten Zustand von oben mit einem O-Ring und einer Kunststoffscheibe abgedichtet.

Die Exzentrizität wurde mit ca. 11,5 mm ausgemessen.

Bild 22: Taumelwerk

<u>5) Generator/Starter</u>

Der Generator ist als elektronisch kommutierter, bürstenloser Außenläufer konstruiert. Er entspricht somit von der Bauart her einer Synchronmaschine mit Außenpolläufer.
Die Exzenterscheibe ist in der Mitte mittels zweier Lager gelagert (in Bild 14 sichtbar).
Die einzige Durchführung aus dem mit Druck beaufschlagten Innenraum nach außen sind die 3 Kabel des Starter-Generators, die vermutlich eingegossen sind.
Die Wicklungen sind auf einem Kunststoffhalter aufgebracht und im Gehäuse befestigt. In den Wicklungen befindet sich kein Eisenkern, womit es sich um Luftspulen handelt.
Die Permanentmagneten sind in einer Aluminium Topfkonstruktion eingeklebt. Diese wird mittels 4 Schrauben mit der Exzenterscheibe verschraubt. Zum Massenausgleich der Exzenterscheibe, respektive des Exzenters, wird beim Verschrauben des Topfes mit der Scheibe eine Ausgleichsmasse mit 2 Schrauben auf dem Topf mitverschraubt.
Um die Taumelmomente auszugleichen befindet sich im Topf unterhalb der Permanentmagneten ein weiteres Ausgleichsgewicht aus Blei (in Bild 23, unterer Rand).
Bei der Konstruktion des Generators wurde offensichtlich hohes Augenmerk auf eine kostengünstige Fertigung gelegt. So sind die Magnete beispielsweise nicht abgefräst oder geschliffen, was einen großen Luftspalt zur Folge hat.

Bild 23: Permanentmagnete des Generators und Ausgleichsmasse

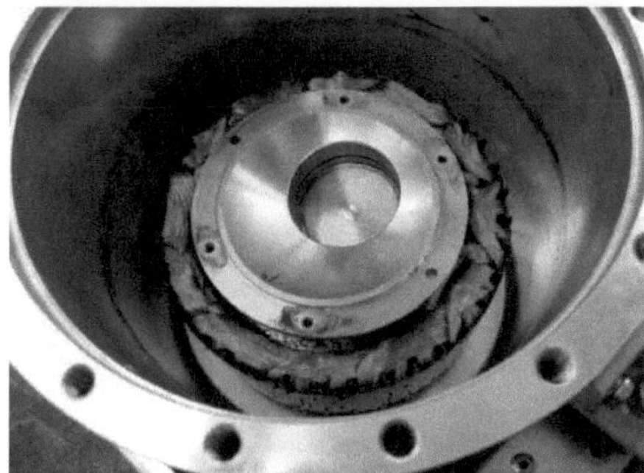

Bild 24: Wicklungen des Generators und Lagerung

6) Boden

Wie auf Bild 25 zu erkennen ist, befindet sich am unteren Ende des Gerätes ein weiterer Kühlkanal. Dieser wird als erstes vom eintretenden Kühlwasser durchströmt. Der Abschluss des Gehäuses nach unten erfolgt durch einen in der Mitte mit 6 Schrauben verschraubten massiven ca. 10 mm dicken Aluminiumdeckel.

Die Abdichtung vom Deckel zum Gehäuse erfolg durch 2 O-Ringe, die direkt innerhalb und außerhalb des Kühlkanals in Nuten im Gehäuse sitzen (großer O-Ring fehlt in Bild 25). Des Weiteren sitzt im Gehäuse ganz unten, außen um den Kühlkanal herum ein Heizelement (blaues Anschlusskabel in Bild 25). Dieses dient zur elektrischen Lastausregelung der vom Generator erzeugten Energie im Ladebetrieb und beim shutdown. Da der Generator keine Eisenbleche besitzt, würde bei nachlassender elektrischer Last am Generator das Bremsmoment auf nahezu Null absinken (keine induzierten Wirbelströme im Blechpaket). Somit könnte im ungünstigsten Fall der Motor aufgrund der sinkenden Belastung eine schädlich hohe Drehzahl erreichen.

Die Konstruktion des Lastwiderstandes wurde bei nachfolgenden Modellen geändert. Ursache hierfür ist wahrscheinlich, dass aufgrund der Verschraubung in der Mitte der Platte zusammen mit der Erwärmung der Platte durch den Heizwiderstand auf der zugbeanspruchten Seite die Kraft zur Abdichtung am äußeren Dichtring nicht mehr gewährleistet war. Auch bei dem demontierten Motor war bereits deutlicher Lochfraß und Austritt von Kühlwasser in diesem Bereich am Deckel zu erkennen.

Bild 25: Sicht von unten bei abgenommenem Deckel

Abdichtungen

Gehäuse

Das Gehäuse ist lediglich an 3 Stellen gegen den Austritt von Arbeitsgas in die Umwelt abgedichtet.
Zum einen unten, an der elektrischen Durchführung des Generators. Hier wurde die Abdichtung vermutlich durch Eingießen der 3 Kabel realisiert.
Die nächste Dichtstelle befindet sich dort, wo der obere Teil des Gehäuses (Motor) mit dem unteren Teil (Generator) verschraubt wird.
Hier erfolgt die Abdichtung durch einen O-Ring, der auf Bild 22 zu sehen ist.
Die letzte Dichtstelle liegt zwischen den Erhitzerköpfen und dem Brennraum. Hier werden die Erhitzerköpfe mittels einer 16 mal außen und 2 mal innen verschraubten Platte gegen das Gehäuse gedrückt und dichten aufgrund genauer Passflächen und Vorspannung ab.

Die Abdichtung der Kolben im Zylinder zur Trennung von Arbeits- und Verdrängerseite konnte leider nicht nachvollzogen werden.
Die Abdichtung von der Verdrängerseite zu den Pleuel erfolgt laut einer WhisperGen Präsentation durch Stopfbuchsen. Möglich wären hier PTFE Buchsen, wie in einem Artikel von Don Clucas erwähnt.

Pleuel

Aufgrund der Baulänge und der langen im Bild 14 sichtbaren Pleuellagerbuchse wäre es denkbar, dass die Pleuel als Kreuzkopfpleuel ausgeführt sind. Dies ist jedoch aufgrund der Auflösung der CT und der nicht erfolgten Demontage dieses Bereiches nur eine Vermutung.

Kolben

Die Kolben sind innen mit 3 eingeschweißten Blechen verstärkt und eventuell wie Clucas in seinem Aufsatz für das Proc Instn Mech Engrs Vol 208 schrieb mit einem isolierenden Material gefüllt.
Der Kolbenhub wurde mit ca. 22,1 mm gemessen.

__Schlusswort__

Während der schwerpunktbezogenen Projektarbeit "Ermittlung der Schadensursache an einem Stirlingmotor" sind durch die Projektteilnehmer alle Phasen einer Aufgabe durchlaufen worden. So ist das Projekt mit einer Recherche zum Hintergrund der technischen Aspekte eines Stirling-Motors begonnen worden. Bevor der eigentliche Prozess des Demontierens angegriffen worden ist, wurden sicherheitsrelevante Untersuchungen durchgeführt, um mögliche Gefahren ausschließen zu können. Da der Motor an seinem bisherigen Standort nur unter erschwerten logistischen Bedingungen hätte zerlegt werden können, wurde eine besser geeignete Werkstatt gesucht. Der eigentliche Hauptteil der Aufgabe, die Demontage mit Fehlersuche wurde fotografisch dokumentiert und alle getroffenen Entscheidungen sind weiterhin zurückverfolgbar. Aufgrund der Einzigartigkeit der Situation wurden zusätzlich Geometriedaten des Stirling-Motors aufgenommen. Nachdem kein eindeutiger Schadensgrund ermittelt werden konnte, wurde der Stirling wieder in seinen Ausgangszustand versetzt und ein erfolgreicher Testlauf bestätigte die korrekte Montage.
Etliche Aspekte der Arbeit sind während des Projektes parallel verlaufen. So sind Recherche und Umzug, sowie die sicherheitsrelevanten Untersuchungen nahezu zeitgleich in Angriff genommen worden.
Bei dem hier untersuchten Motor handelt es sich um einen vierzylindrigen Stirling-Motor mit Taumelscheibe, bei dem die jeweils nebeneinander liegenden Zylinder miteinander reihum den Gaswechsel vollziehen. Dabei ist jeweils der, von der Gehäusemitte aus gesehen, rechte Zylinder der Verdränger (kalte Seite) für den jeweils links davon gelegenen Erhitzer (Arbeitskolben). Durch die Taumelscheibe befinden sich diese Kolben genau im notwendigen Phasenversatz von 90°.
Der Hersteller WhisperGen aus Neuseeland lässt für diese Modelle (Gleich- und Wechselspannung) nur sehr wenig technische Information auf den Markt gelangen. Deswegen wurde mit diesem Projekt Neuland betreten. Die dabei gewonnenen Erkenntnisse sollen helfen, das Ausfallverhalten des Aggregats zu analysieren und bei auftretenden Problemen auch die Fachkenntnisse unabhängiger Fachleute in Anspruch nehmen zu können.
Auf Grund der Ergebnisse der Demontagedokumentation sollte es nun möglich sein die Quellen von Störungen an anderen Geräten schneller einzugrenzen.
Diese Arbeit wäre ohne Unterstützung nicht durchführbar gewesen:
Unser Dank richtet sich an:
Herrn Prof. Dr. Erwin Zauner, Leiter des Labors für Turbomaschinen, Hochschule München, für die Gesamtbetreuung des Projekts
Herrn Dipl. Ing.(FH) Kuno Kübler, Stirling Consulting, für die Projektbetreuung und die Bereitstellung des Stirlingmotors
Herrn Georg Lössl, Werkstattmeister des Labors für Turbomaschinen, Hochschule München, für die Unterstützung im Labor
BMW AG, Werk Landshut, für die unkomplizierte Computertomographie
die hier ungenannten Experten, die zusätzliche Erkenntnisse über die Konstruktion von Stirling Maschinen während des Projekts beigesteuert haben.
Natürlich gibt es während eines solchen Projekts auch Reibungen. Zur Vermeidung Solcher in zukünftigen Projekten seien diese hier kurz erwähnt.

Eine intensivere Beschäftigung mit der spezifischen Maschinenhistorie zu Beginn des Projekts hätte ein deutlich differenzierteres Bild der möglichen Schadensursache ermöglicht. Wir haben solche Informationen erst gesucht und gefunden, nachdem der zuerst angenommene Schaden bereits auszuschließen war.

Wegen der Zielsetzung der Wiederinbetriebnahme konnten einige sicher interessante Aspekte der Maschine nicht beleuchtet werden. So bleiben einige Fragen zur technischen Realisierung der Maschine offen.

Aufgrund der intensiven Projektbetreuung wurde ein gewisses Identifikationspotential der Projektteilnehmer nicht voll ausgeschöpft. Die Entwicklung von unorthodoxen Lösungsansätzen wurde somit etwas gehemmt.

Die Anwesenheit von projektfremden Experten ist sehr zu begrüßen, jedoch sollten diese den Fortschritt der Arbeiten nicht unnötig behindern.

Während der Arbeiten konnten wir keine eindeutige Schadensursache ermitteln. Die einzige Möglichkeit besteht in der Verwendung der Ausschluss-Methode.

Wir können ausschließen, dass ein gravierender mechanischer Schaden vorgelegen hat. Die verbleibende Restunsicherheit besteht in Schwankungen der Materialqualität und in der Schmierung. Es kann sein, dass der verwendete Schmierstoff einen erhöhten Rollwiderstand in den Lagern bedingt hat.

Wir können ausschließen, dass der Anlasser/Generatorteil einen mechanischen oder elektrischen Schaden hat. Die zu Anfang des Projekts geäußerte Vermutung eines Lagerschadens im Generator konnte durch visuelle Kontrolle nicht bestätigt werden.

Wir können ausschließen, dass die Steuerungselektronik fehlerhaft funktioniert. Während des Testlaufs konnten keinerlei Hinweise auf ein Fehlverhalten gefunden werden.

Damit bleibt nur zu erwähnen, dass der einzige Hinweis auf einen mechanischen Defekt außerhalb des Gehäuses an einer unsachgemäß ausgeführten Verschraubung am Shunt-Widerstand gefunden wurde. Da die Verkabelung aber doppelt ausgeführt ist kann daraus kein schlüssiges Argument für den Defekt gefunden werden.

Es bleibt nur, in Anbetracht einer fehlenden, schlüssigen Schadensursache, auf eine mögliche Verkettung von einzelnen, in sich harmlosen Indizien zu setzen. Dafür gibt es keine Beweise, aber auch keine Gegenbeweise.

Letztlich ist eine weitere Fehlersuche Makulatur, denn der Testlauf hat bewiesen: Der Stirling geht wieder!

Abbildungsverzeichnis:

Bild 1: Gesamtansicht bei Übergabe und Elektronikplatine 6
Bild 2: CT-Schnitt mit vermeintlicher Schadensursache 7
Bild 3: Motor aus dem Gehäuse ausgebaut 7
Bild 4: WhisperGen Unterseite ohne Deckel 8
Bild 5: Boden des WhisperGen 8
Bild 6: Sicht auf die Erhitzerköpfe 9
Bild 7: Keramikplatte abgenommen 9
Bild 8: Verschraubung des Gehäuses 10
Bild 9: Stark gefettetes Taumelwerk 10
Bild 10: Erster Erhitzerkopf abgenommen 11
Bild 11: Fetten der Lagerstellen 12
Bild 12: provisorischer Testanschluß 13
Bild 13: Funktionsprinzip des 90° Siemensstirling 14
Bild 14: Computertomographie des WhisperGen 15
Bild 15: Keramikplatte mit Brennmulde 15
Bild 16:Durchlass Kraftstoff 16
Bild 17: Luftturbulator 16
Bild 18: Blick auf die Erhitzerköpfe 17
Bild 19: CAD-Modell der Erhitzerköpfe 17
Bild 20: CT-Schnitt der Überströmkanäle 19
Bild 21: CT-Schnittbild der Kühlwasserkanäle Kaltseite Motor 19
Bild 22: Taumelwerk 20
Bild 23: Permanentmagnete des Generators und Ausgleichsmasse 21
Bild 24: Wicklungen des Generators und Lagerung 21
Bild 25: Sicht von unten bei abgenommenem Deckel 22

Teil 1

CAD Bilder des Motor- und Komponenten-Aufbaus

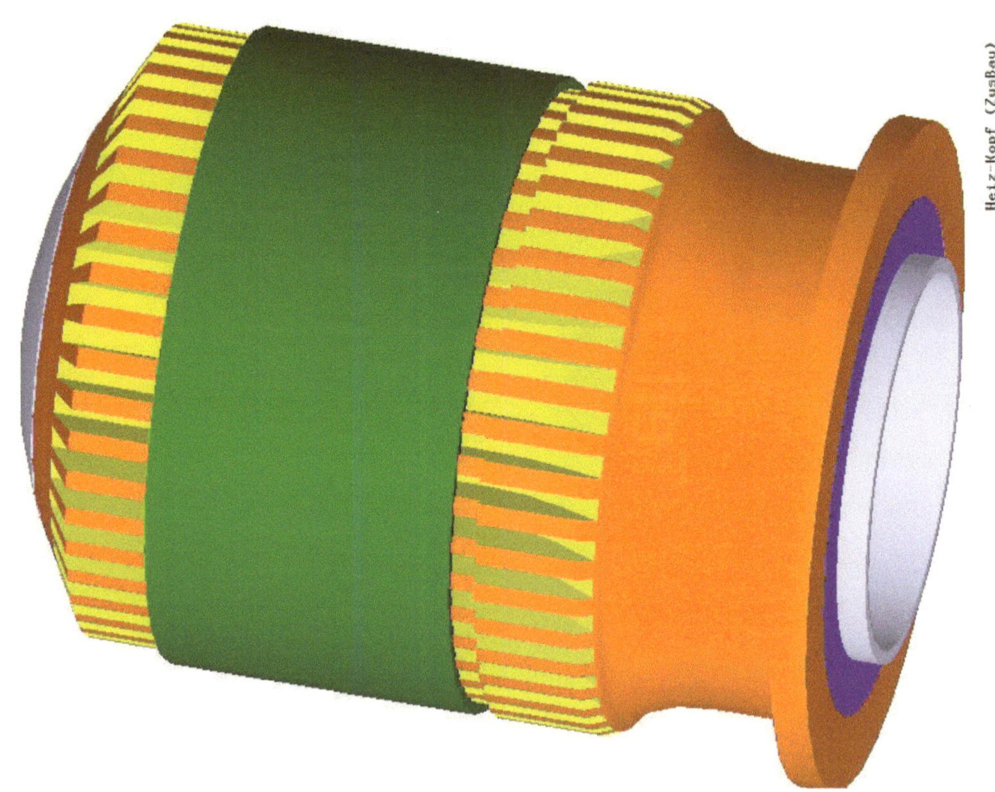

Heiz-Kopf (ZusBau)

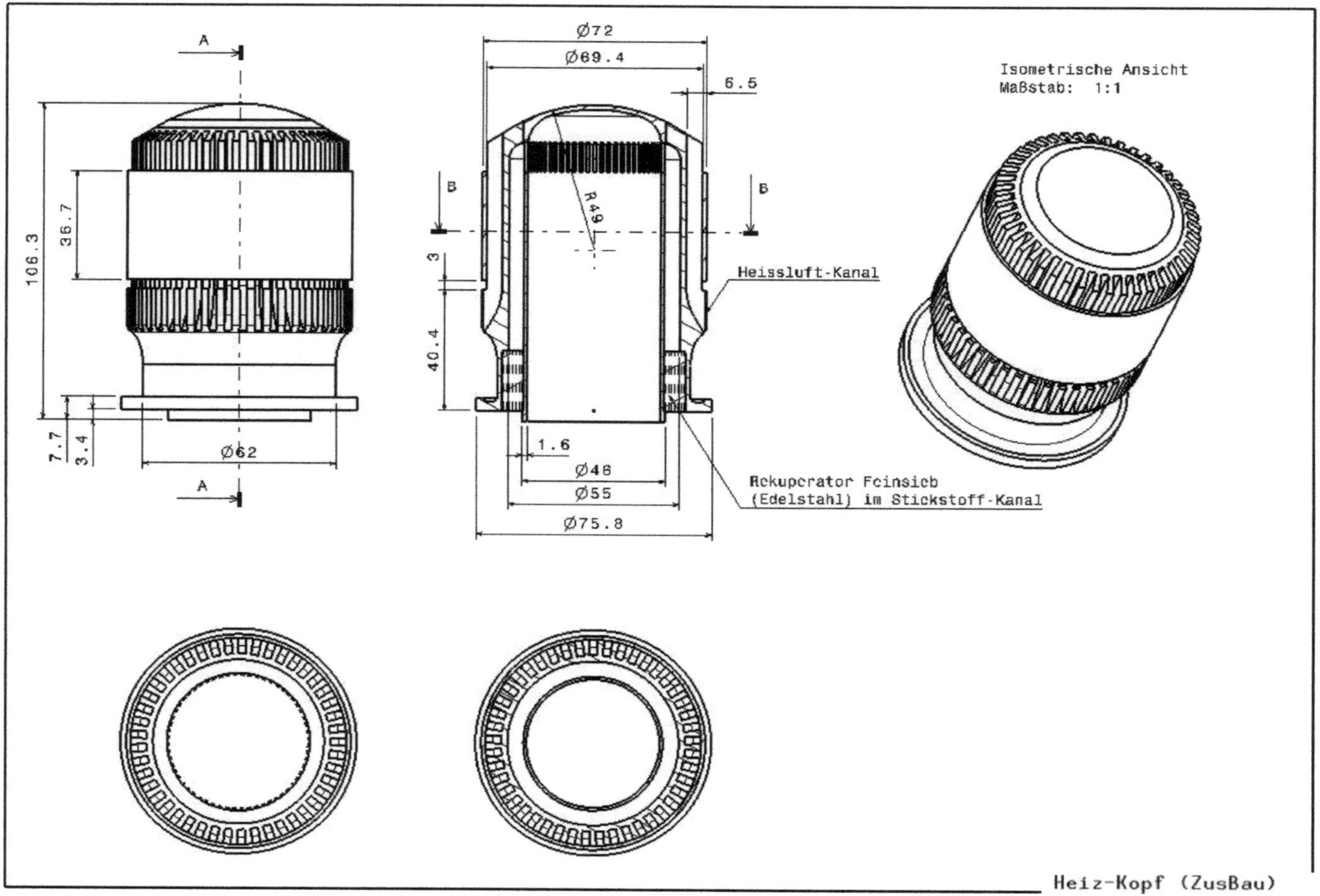

Isometrische Ansicht
Maßstab: 1:1

Heissluft-Kanal

Rekuperator Feinsieb
(Edelstahl) im Stickstoff-Kanal

Ø72
Ø69.4
Ø75.8
Ø55
Ø48
Ø62
R49

106.3
36.7
40.4
7.7
3.4
6.5
1.6
3

A
B

Heiz-Kopf (ZusBau)

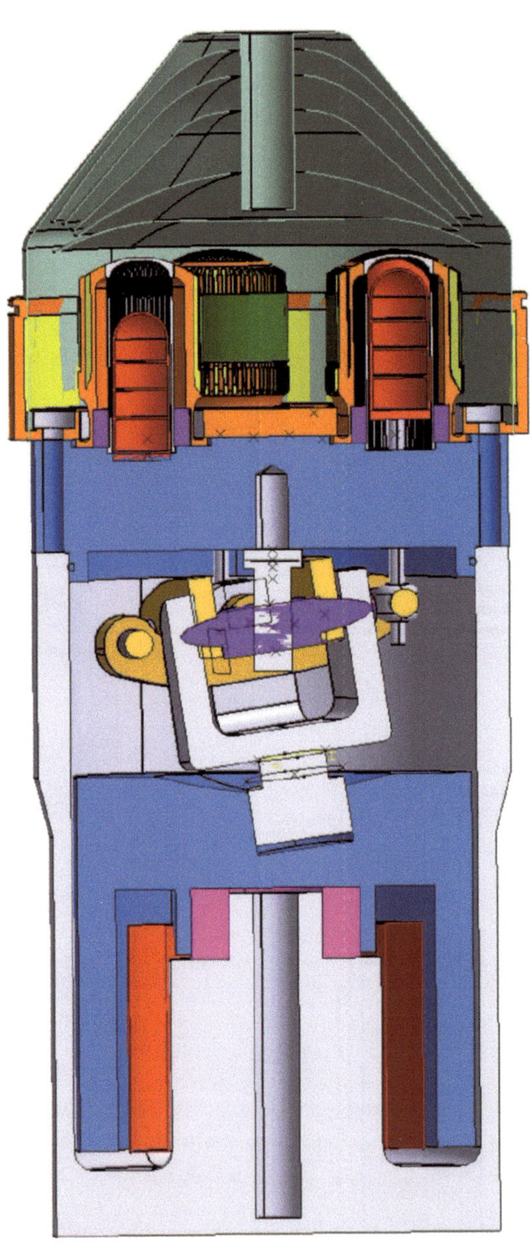

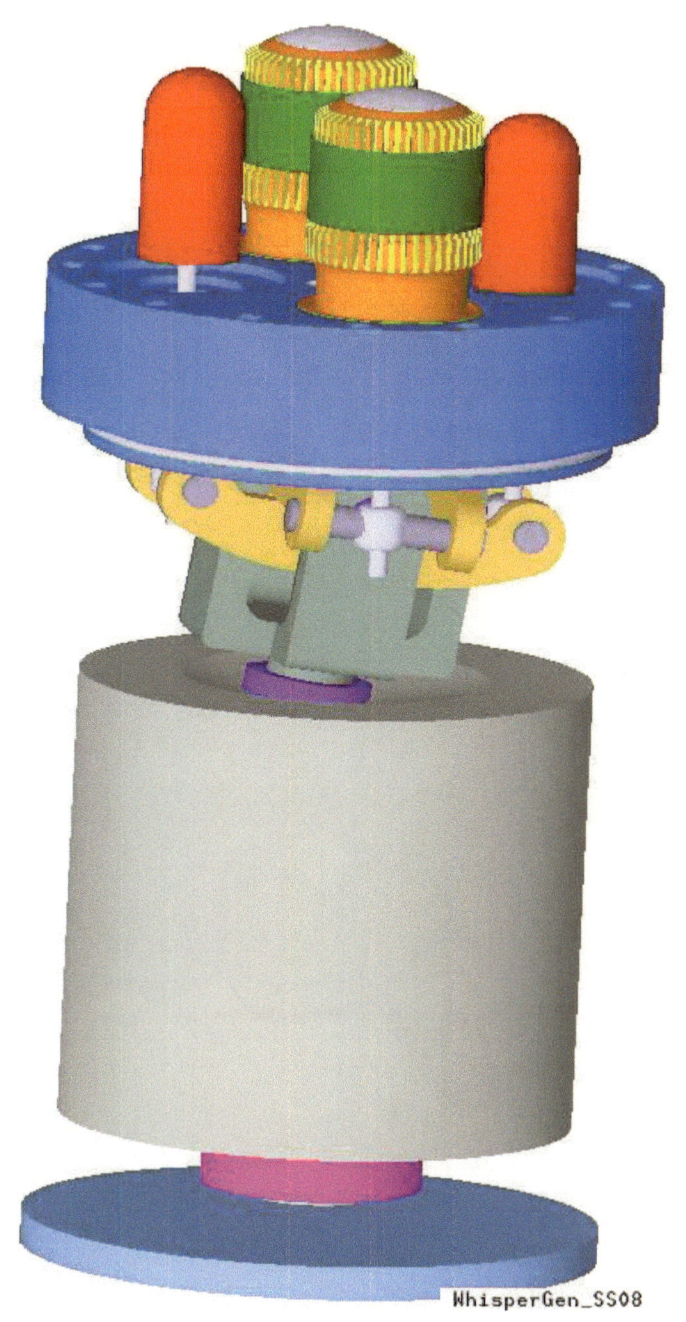

WhisperGen_SS08

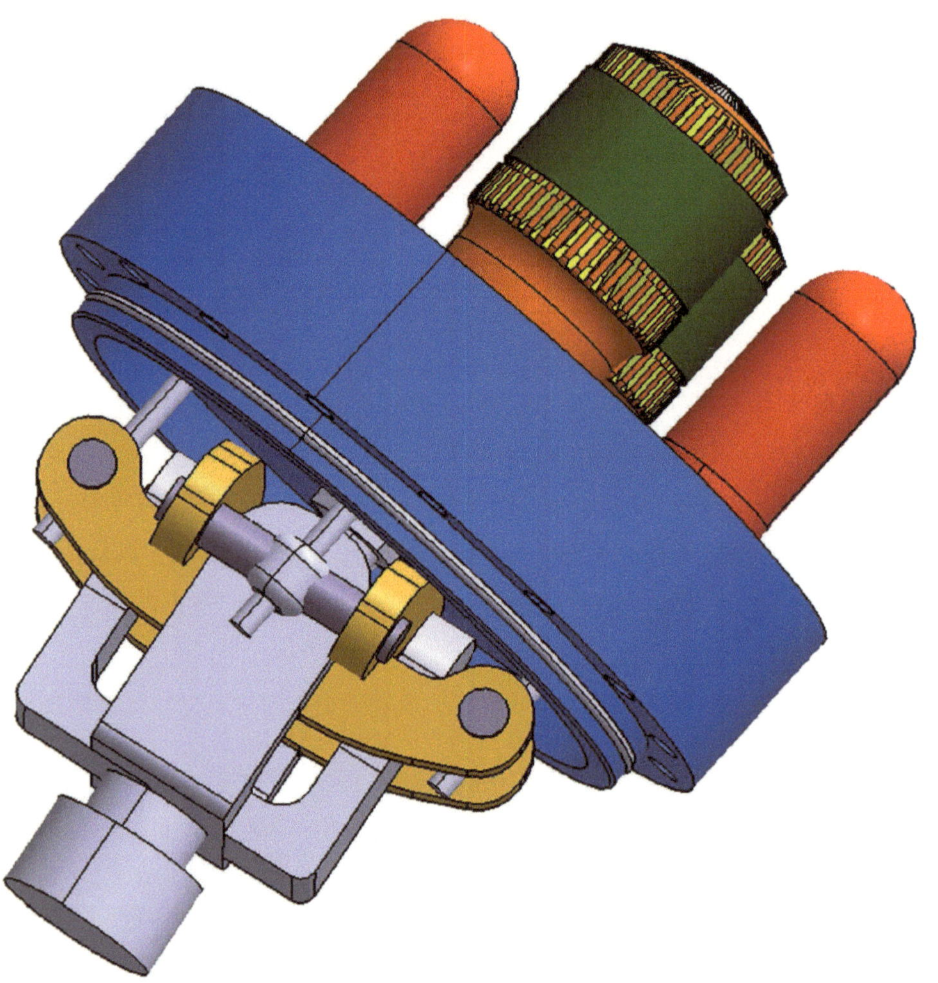

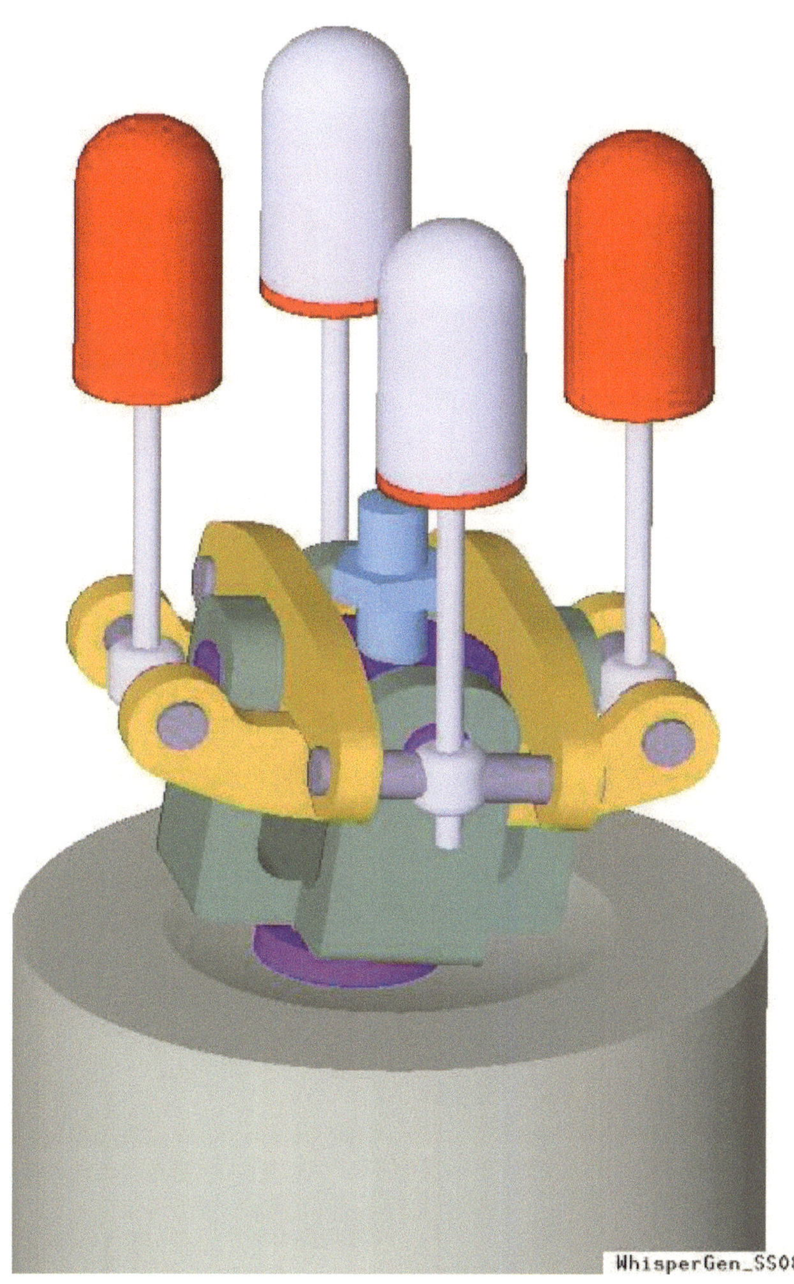
WhisperGen_SS08

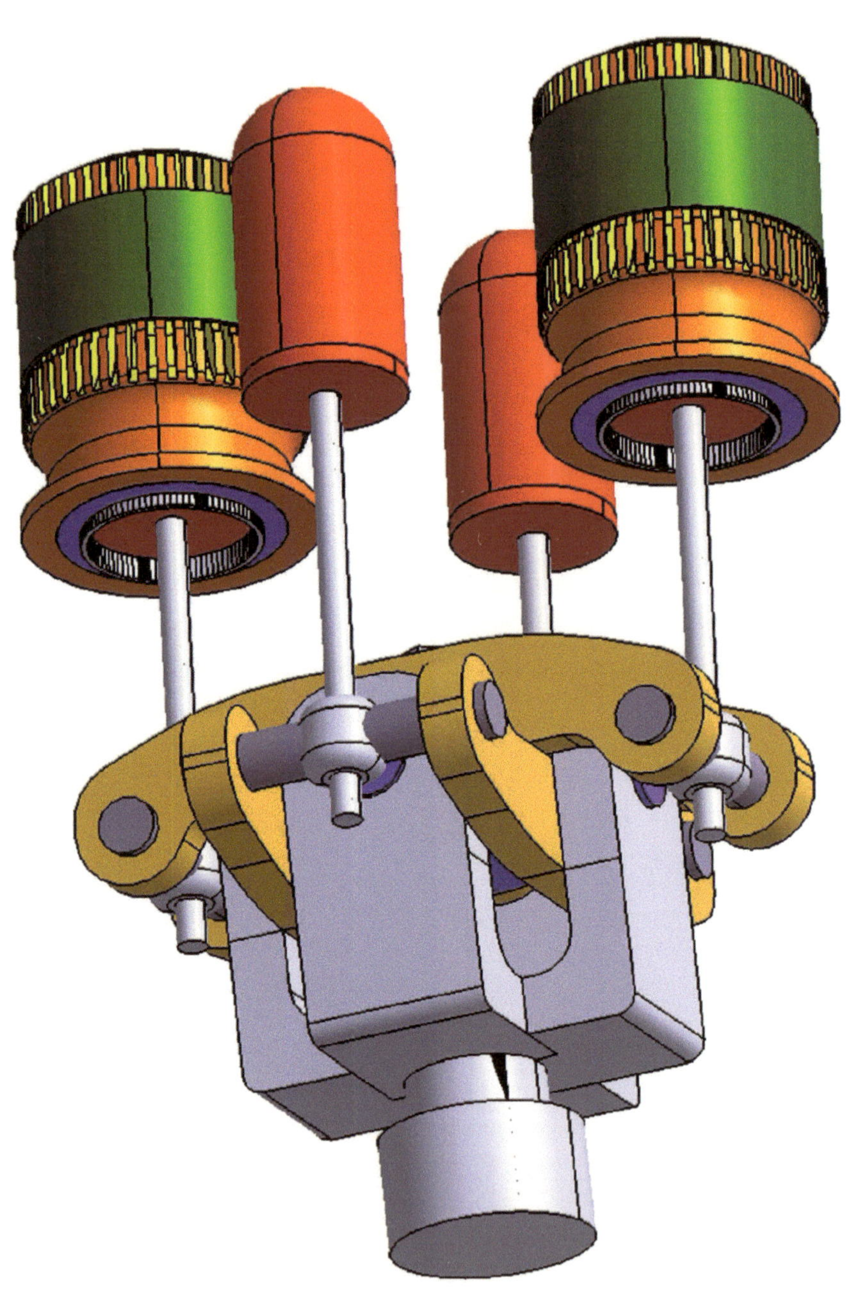

Teil 2

Computer-Tomographische
Bilder des Stirling-Motors

zur

Vor-Untersuchung auf mögliche
Gefahren oder Schwierigkeiten
bei der Zerlegungs-Arbeit

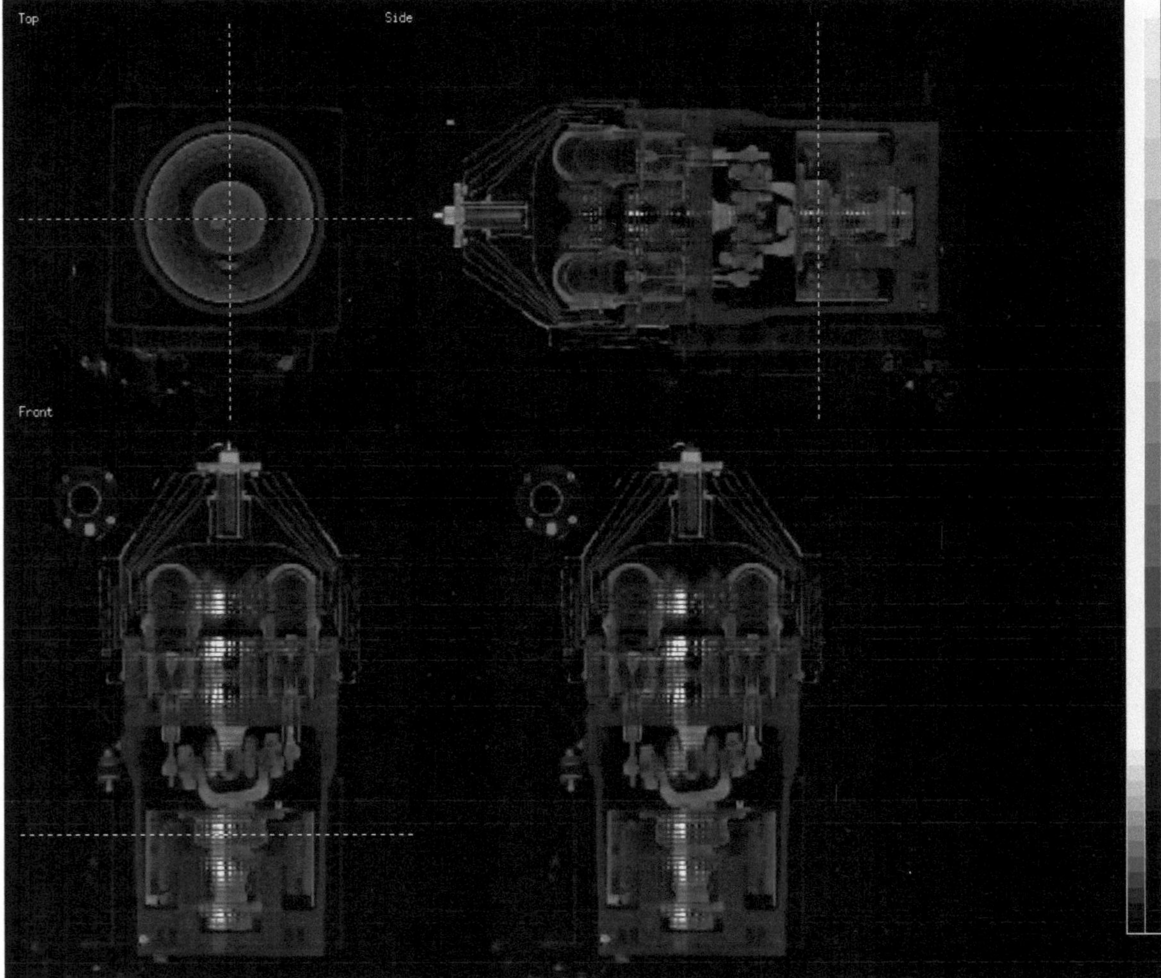

Top
Side
Front

Teil 3

Bilder des Motor-Ausbaus

Abzug
schließen !

173
5663
rpm

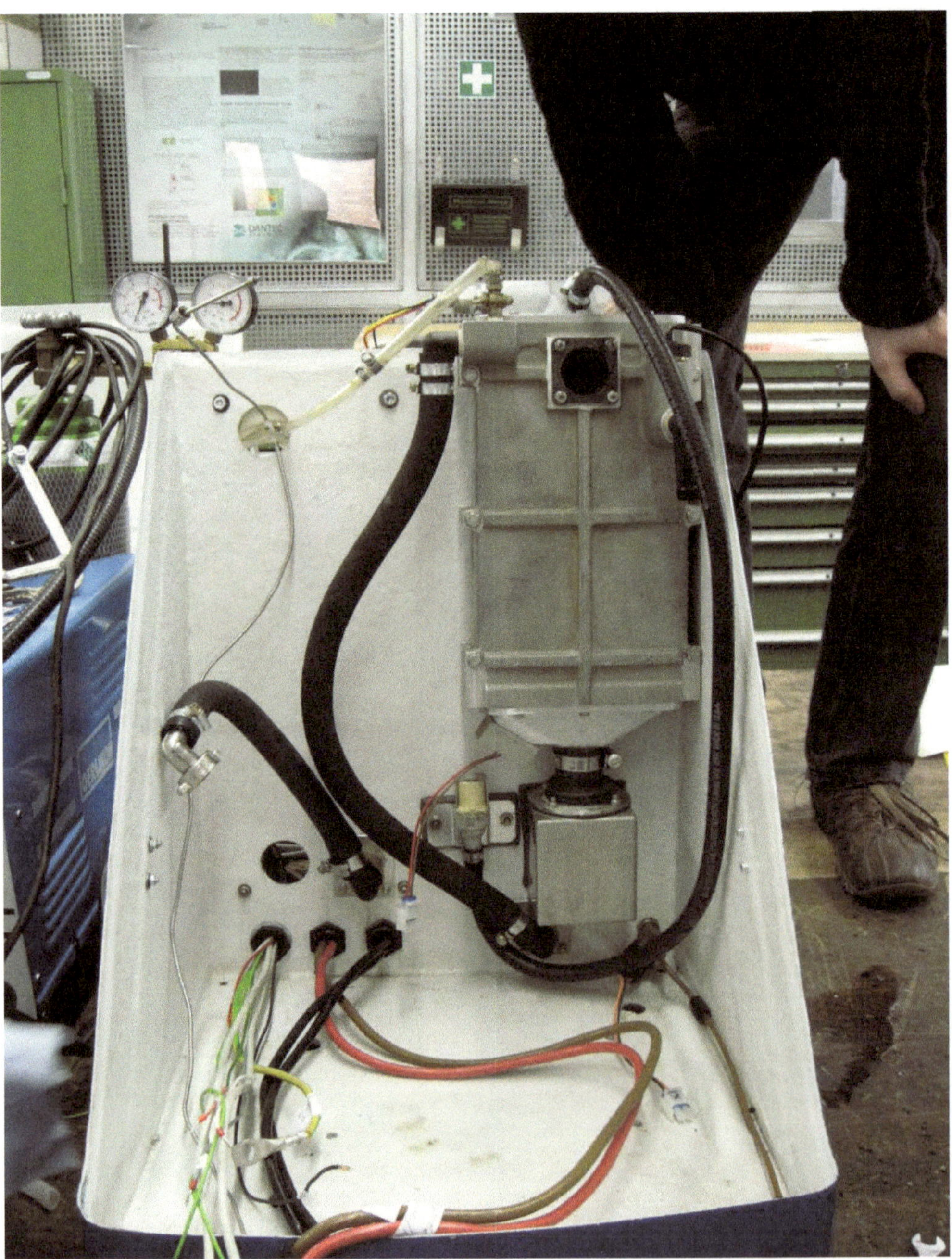

Teil 4

Bilder der Brennkammer-Zerlegung
zur
Komponenten-Inspektion auf mögliche Schäden

Dipl.-Ing. Lukas Grohmann
Dipl.-Ing. Florian Weitl

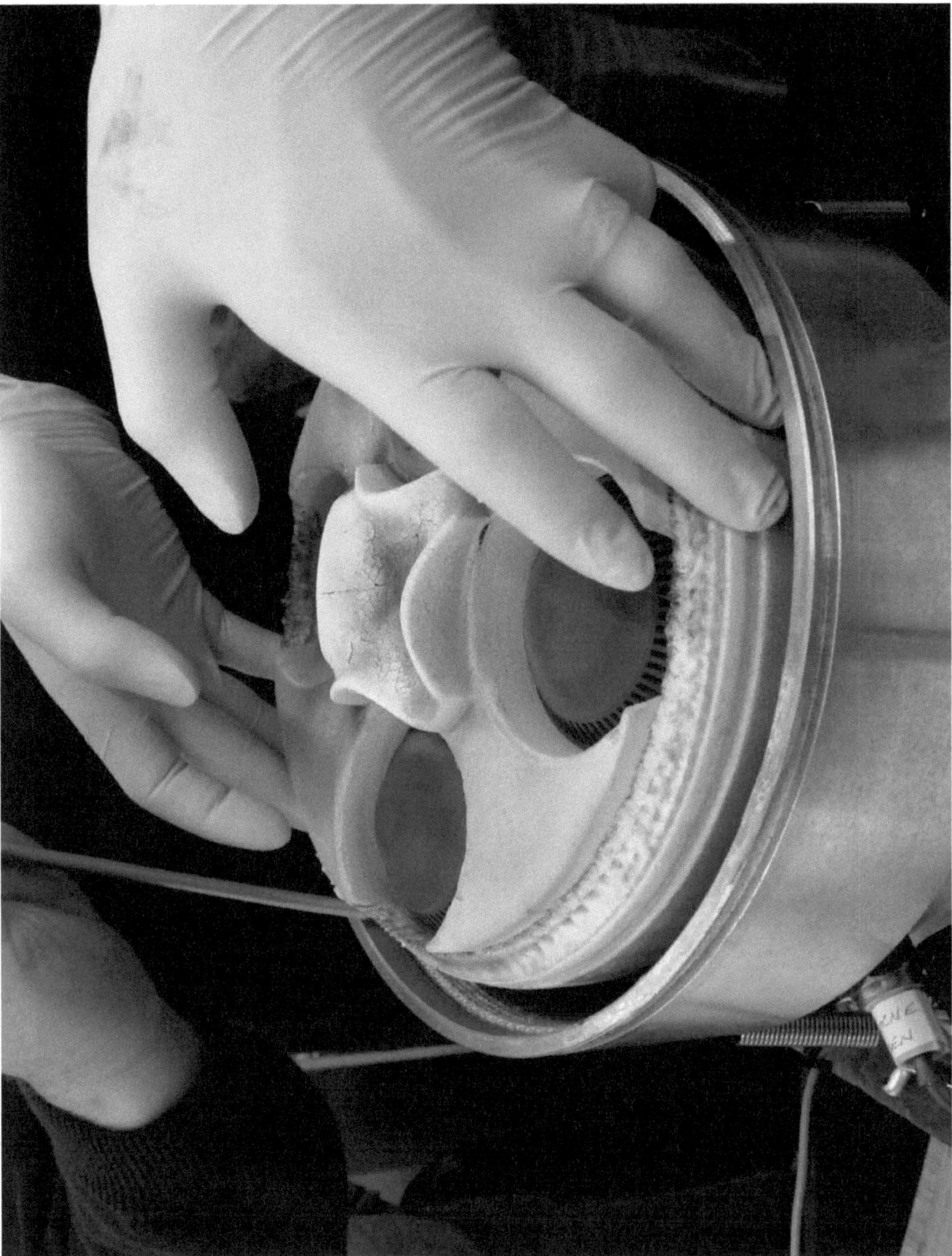

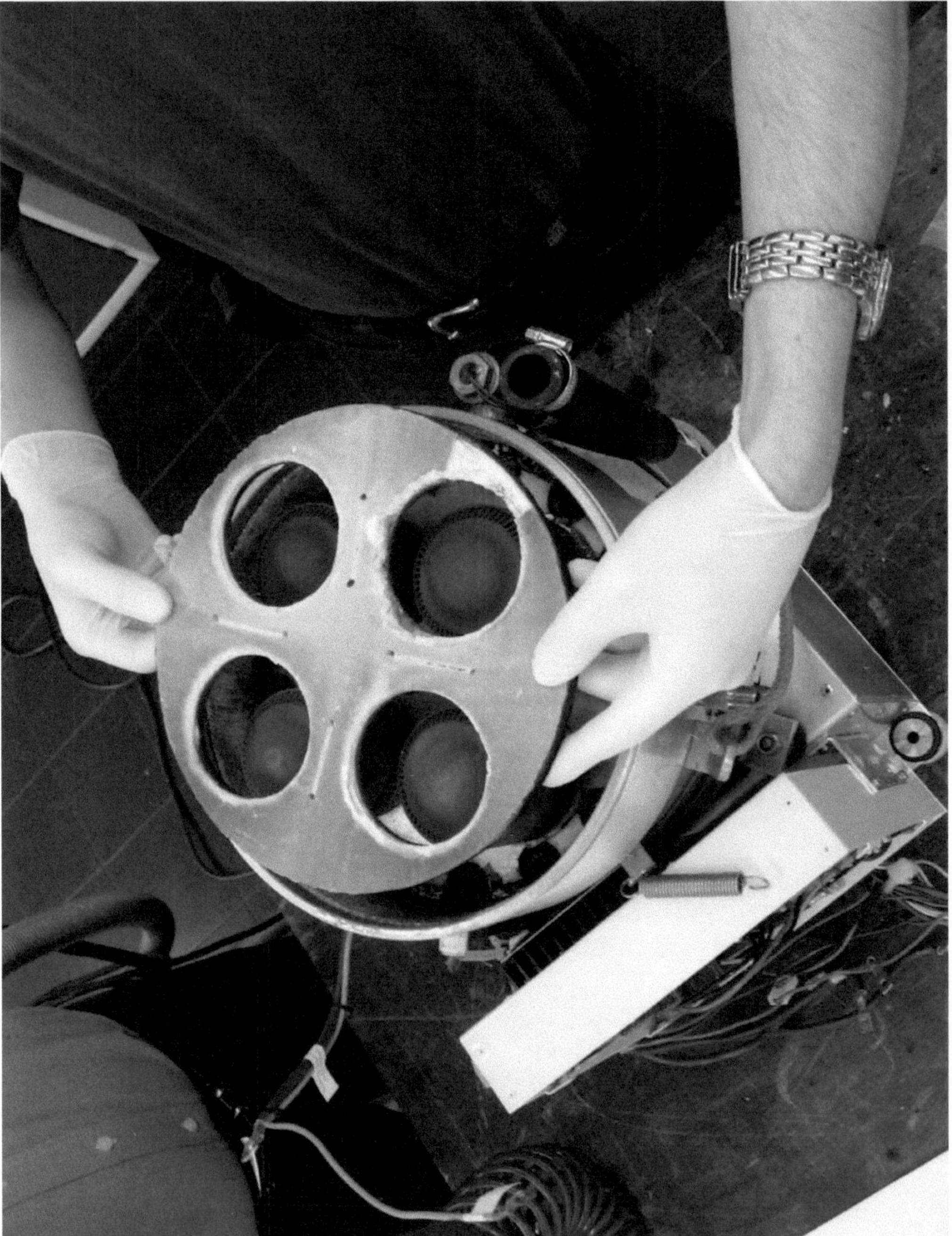

Dipl.-Ing. Michael Clauß   Dipl.-Ing. Siegfried Hotter

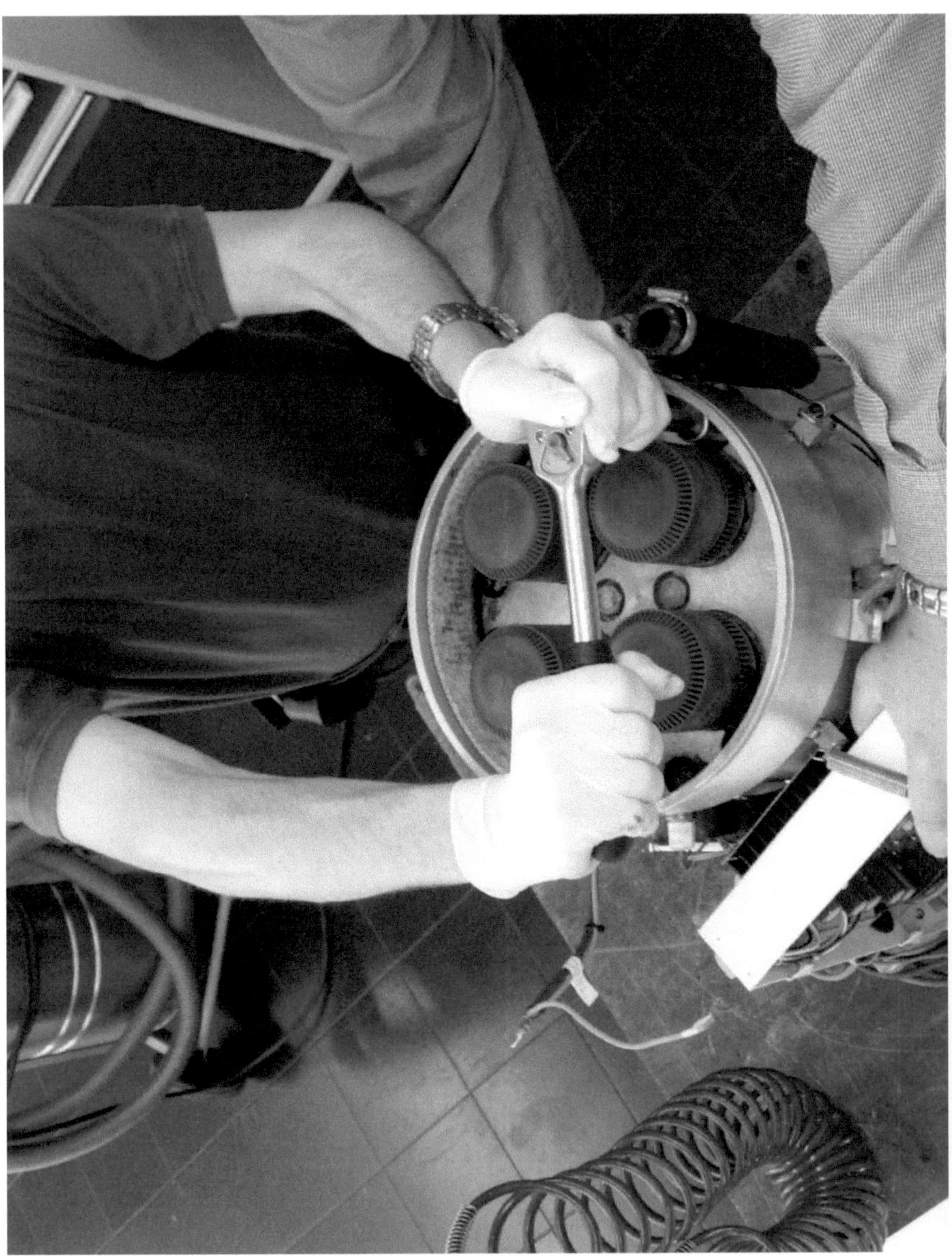

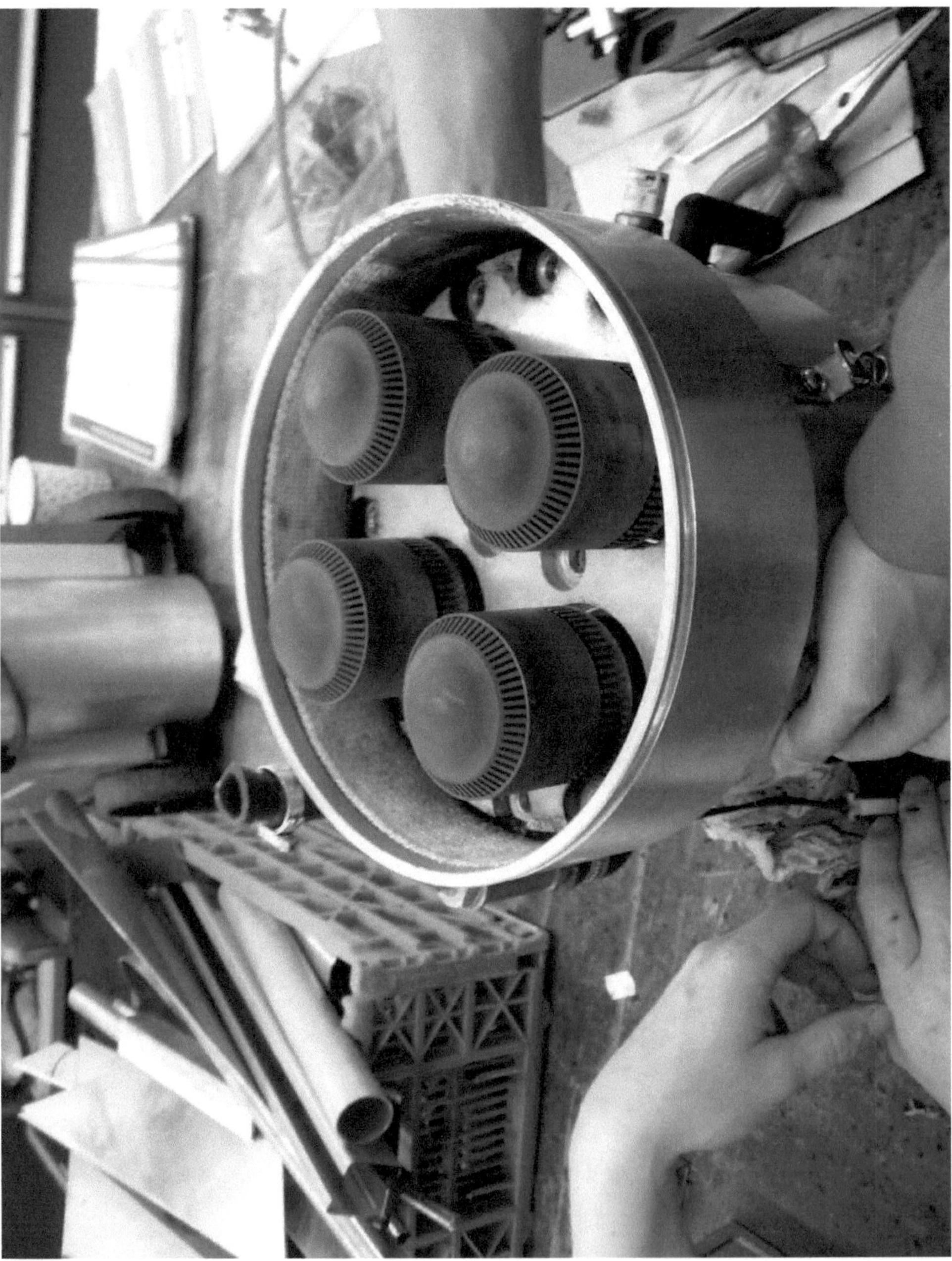

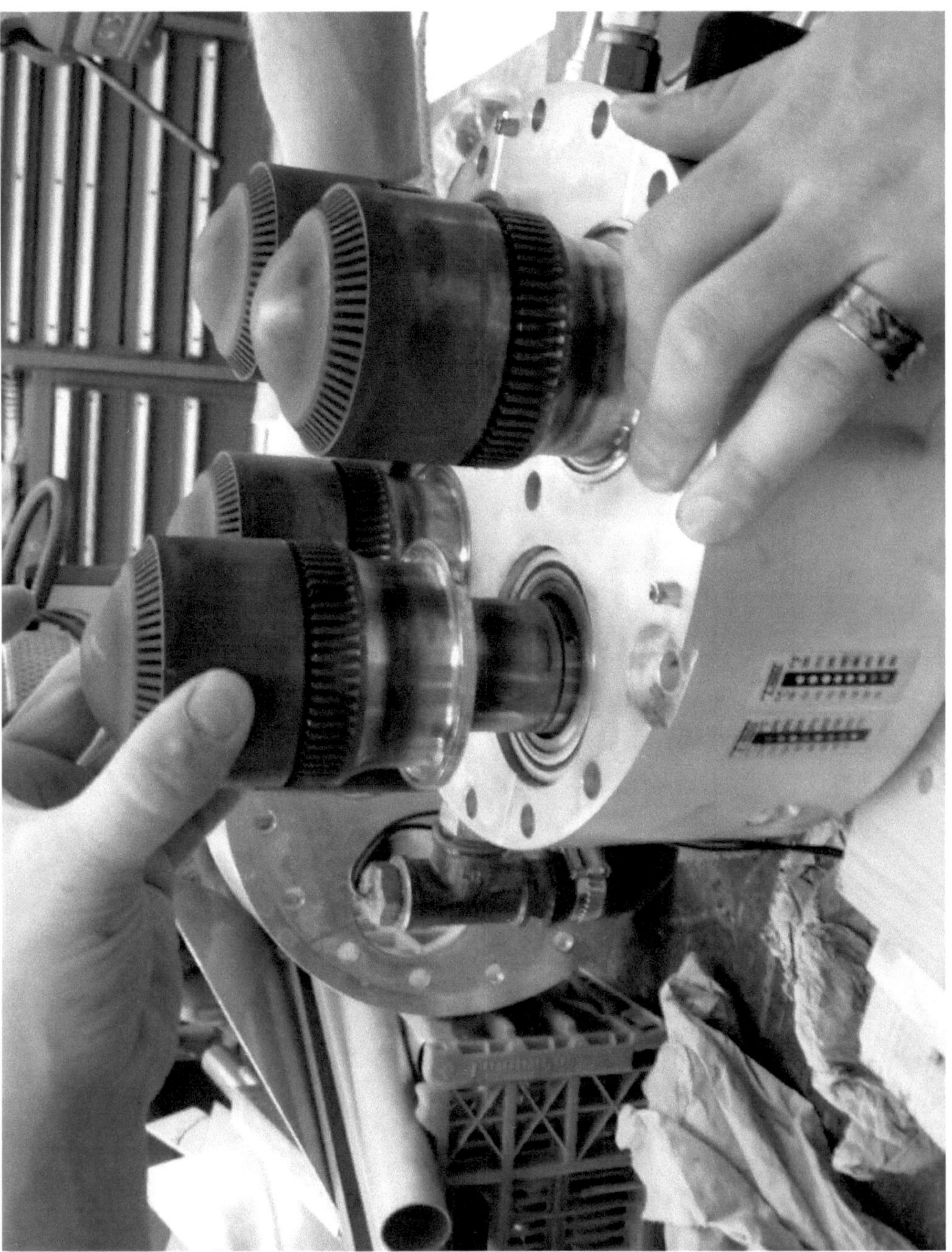

Teil 5

Bilder des Taumelwerks und der Generator-Zerlegung

zur

Komponenten-Inspektion auf mögliche Schäden

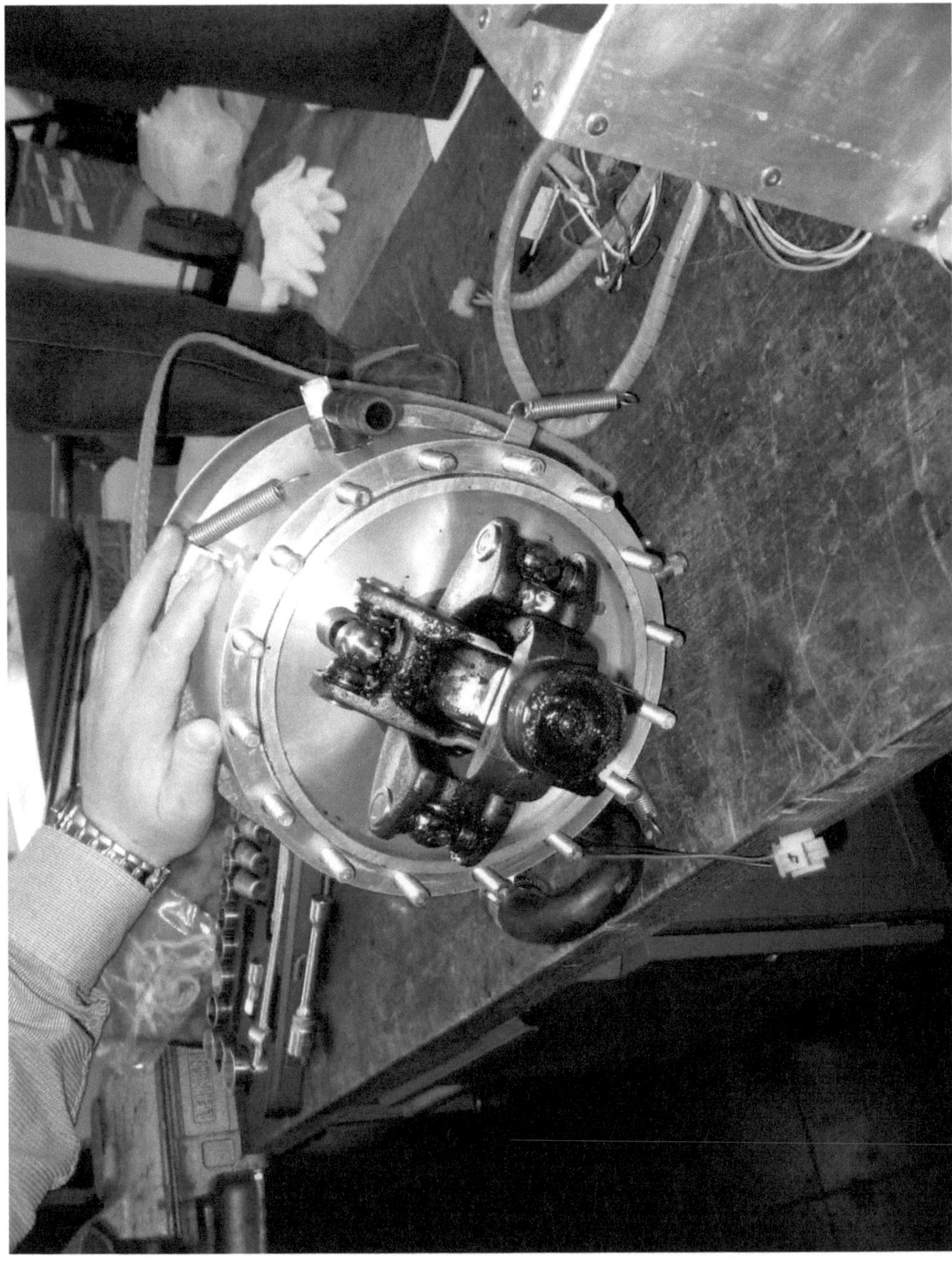

Teil 6

Bilder der Bodenplatten-
Demontage
zur
Komponenten-Inspektion auf
mögliche Schäden

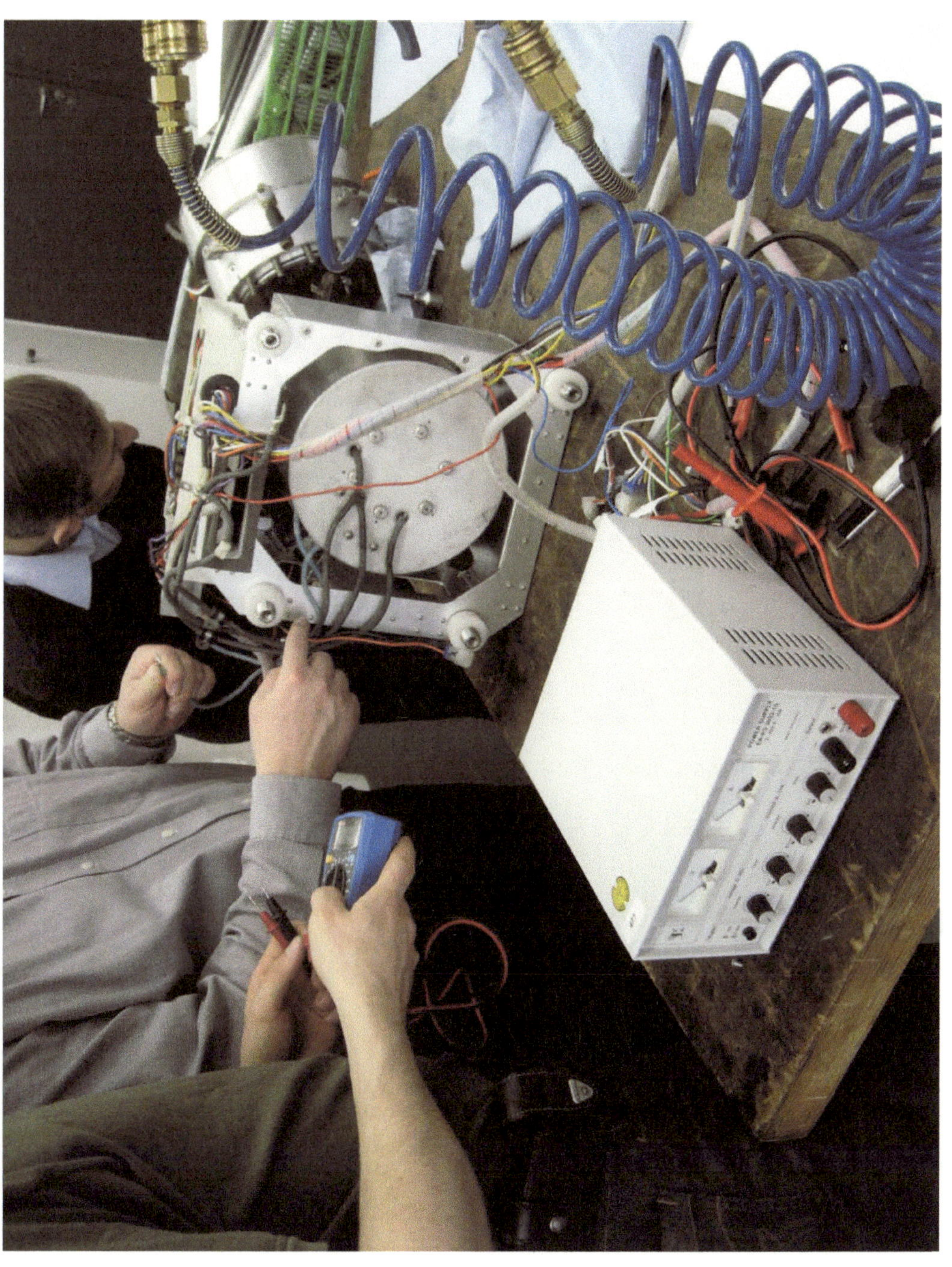

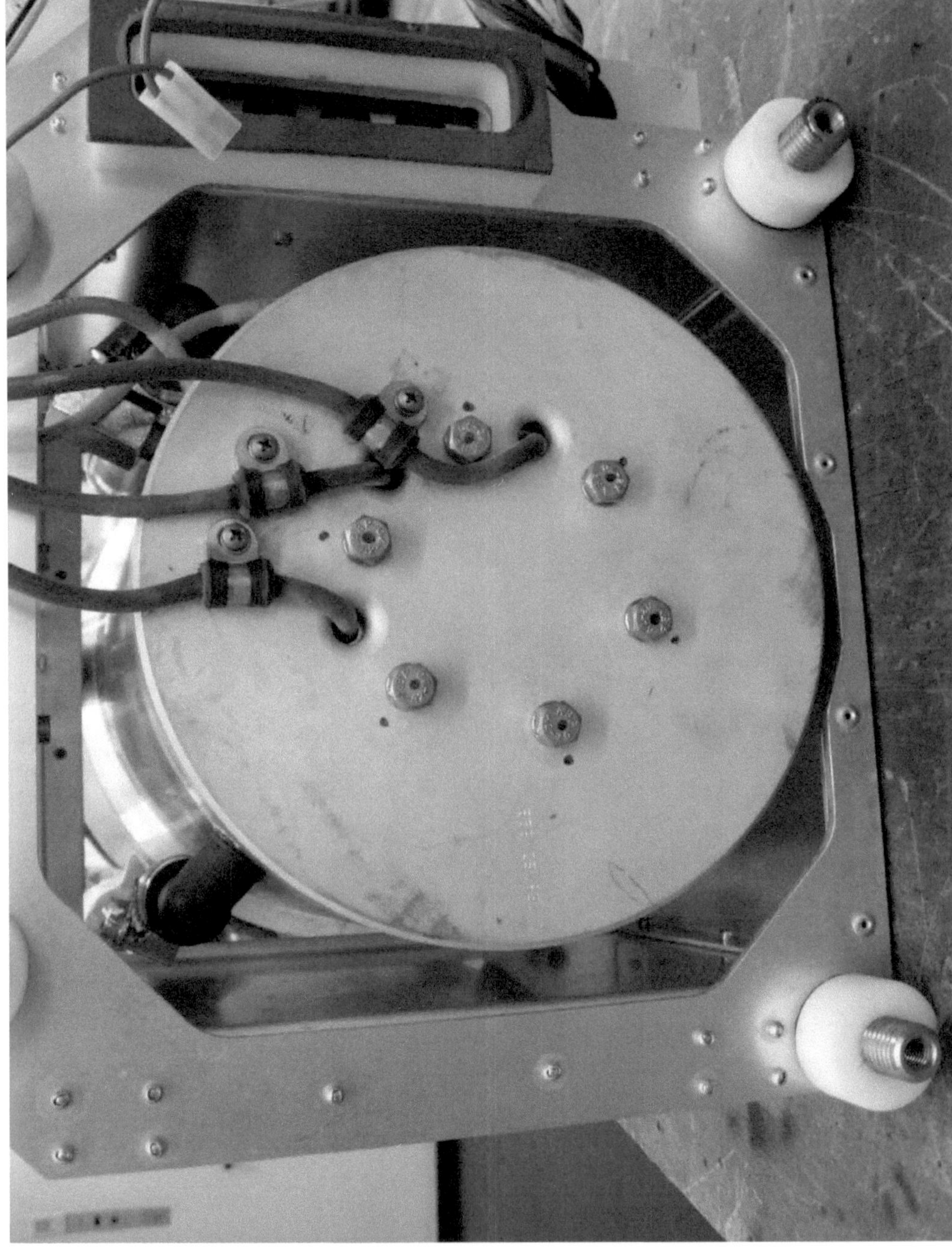

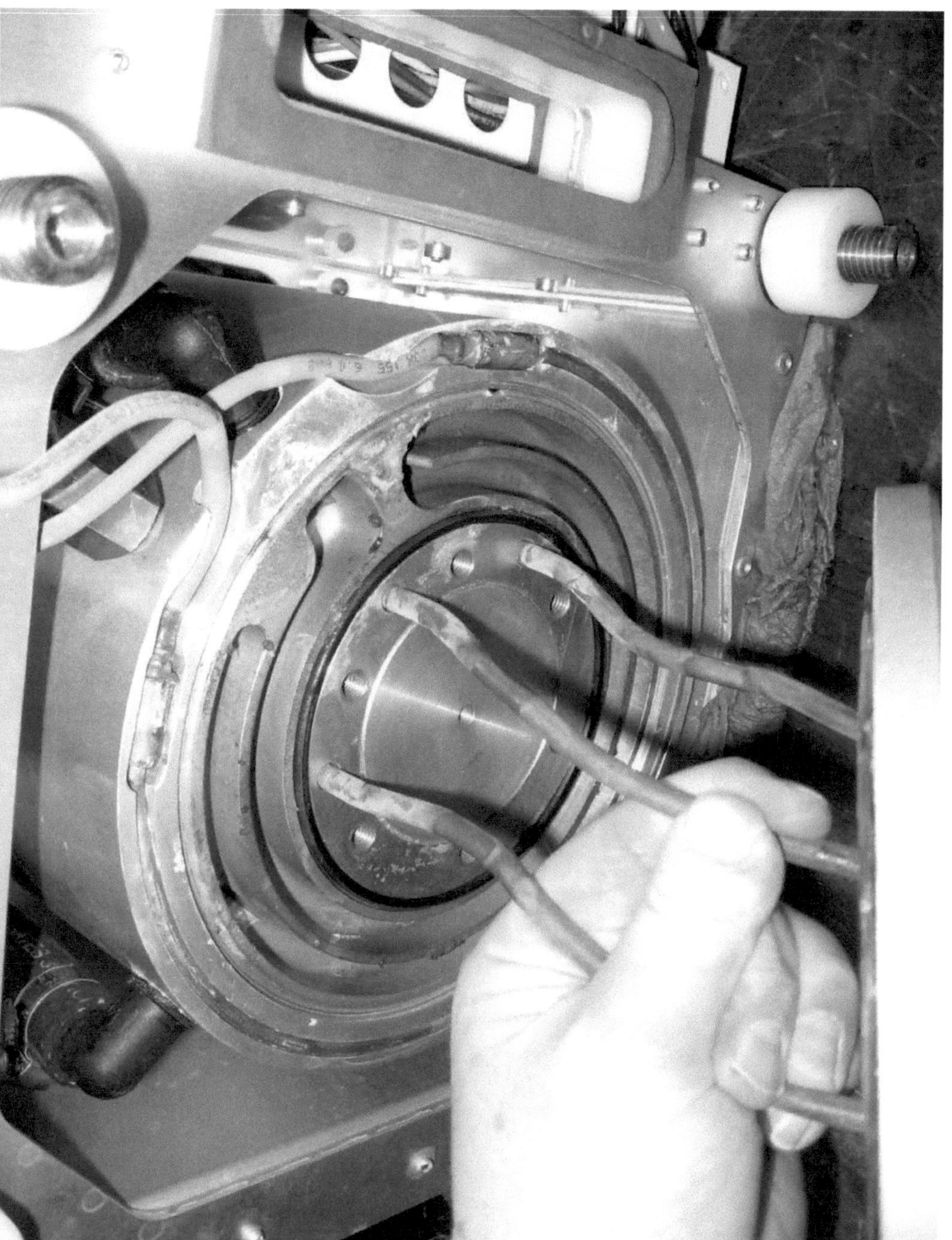

Teil 7
Bilder des vorgefundenen
Schadens:

1. Gummidichtungs-Leck →
Lochfraß in der Alu-Bodenplatte

Teil 8

Bilder der vorgefundenen Dysfunktions-Ursache:

1. Überfettung des Taumelwerk-Lagers →
Fett-Widerstand zu hoch für das Anlasser-Drehmoment

Teil 8

Bilder der erfolgreichen Schadens-und Dysfuntions-Behebungs-Maßnahmen:

1. Gummidichtungs-Leck →
Polieren der Alu-Bodenplatte und ersetzen der Gummidichtung

2. Überfettung des Taumelwerks →
Entfernung des überschüssigen Fetts

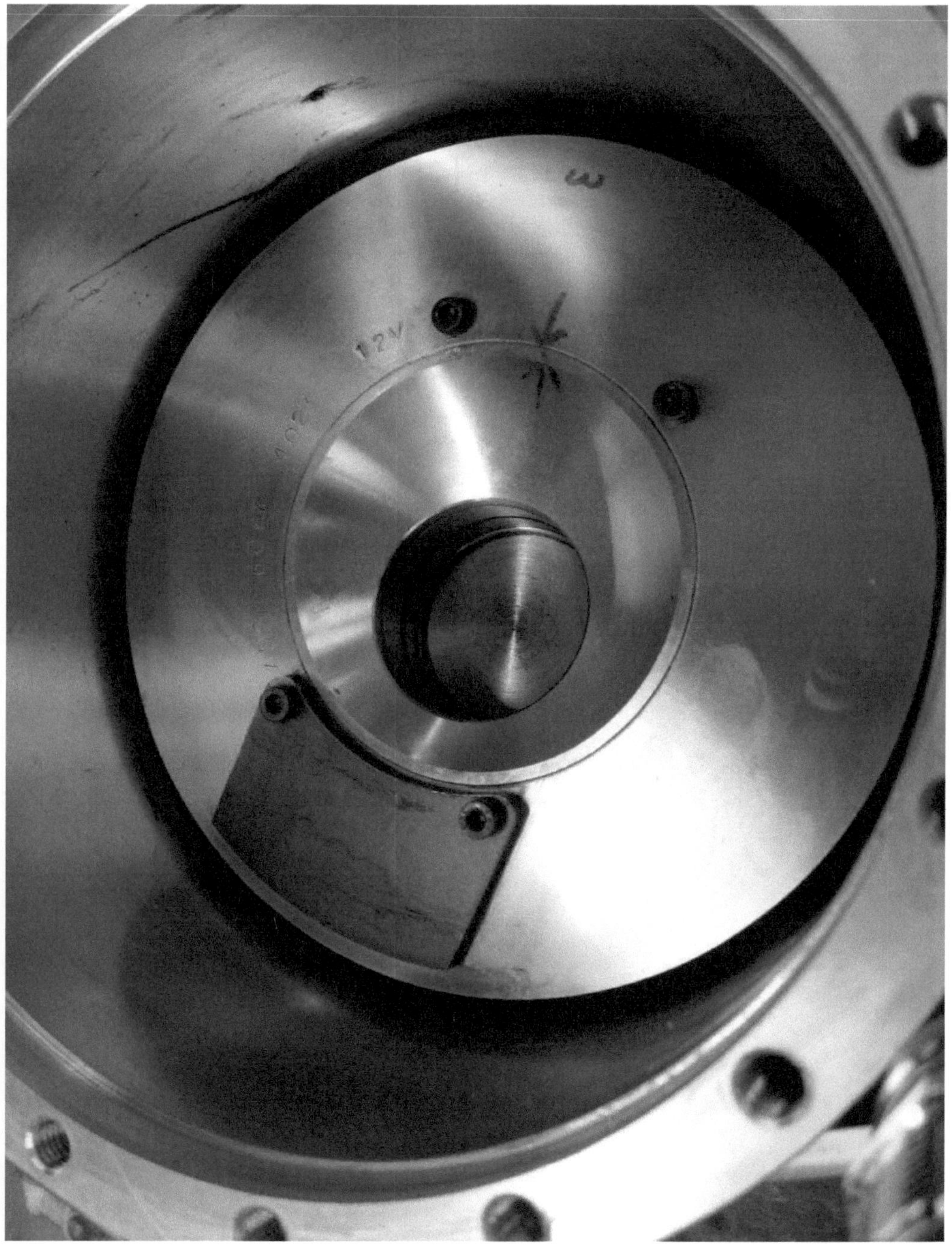